电工电气技术实训指导书

主　编　李晓宁

副主编　许丽川　阎　娜　梁永春

北京航空航天大学出版社

内 容 简 介

    本书是按照电子科技大学电工电气技术实训教学大纲的基本要求编写的、专门面向全校公共实践教学环节的实训指导书。本书内容分为六个项目:项目一为工程软件实训;项目二为电工基础实训;项目三为维修电工实训;项目四为传感器与测量基础实训;项目五为机电一体化实训;项目六为数控机床电气故障诊断实训。学生学习本课程以后,除了掌握基本的用电知识和安全操作规范外,还得到较为系统的电气工程基本技能训练,同时在机电一体化、传感器与测量、数控机床、工业过程测量与控制等方面也学习了相关工程应用知识,为后续相关课程的学习以及复合应用型人才培养奠定坚实的基础。

    本书可作为高等院校各类工科技术及相关专业的实训教材或指导书,也可供从事电气、电子技术工作的工程技术人员参考。

图书在版编目(CIP)数据

电工电气技术实训指导书 / 李晓宁主编. -- 北京 :
北京航空航天大学出版社,2018.2
  ISBN 978 - 7 - 5124 - 2659 - 7

  Ⅰ. ①电… Ⅱ. ①李… Ⅲ. ①电工技术—高等学校—
教学参考资料 Ⅳ. ①TM

  中国版本图书馆 CIP 数据核字(2018)第 029285 号

电工电气技术实训指导书
主　编　李晓宁
副主编　许丽川　阎　娜　梁永春
责任编辑　尤　力
*
北京航空航天大学出版社出版发行
北京市海淀区学院路 37 号(邮编 100191)　http://www.buaapress.com.cn
发行部电话:(010)82317024　传真:(010)82328026
读者信箱: bhpress@263.net　邮购电话:(010)82316936
三河市华骏印务包装有限公司印装　　各地书店经销
*
开本:787×1 092　1/16　印张:11.25　字数:245 千字
2018 年 2 月第 1 版　2018 年 2 月第 1 次印刷　印数:3 000 册
ISBN 978 - 7 - 5124 - 2659 - 7　定价:29.00 元

编　委　会

前 言

电工电气技术实训是对学生进行工程感性认知和基本技能训练的实践性教学环节,目的在于通过实训教学,培养以电工电气为主的大工程素养和核心实践技能,在实训过程中强调实用性,为后续课程的学习奠定一个坚实的工程基础。全书共分六个项目,包含 34 个实训内容,本书涵盖了电子类高校对大学生在电工电气及电子方面所必备的基础工程认知和实践操作技能,全书突出工程实践训练,体现了 21 世纪对电子类复合创新性人才培养的要求。

项目一为工程软件实训。介绍了西门子可编程逻辑控制器 S7 – 200 及其编程软件 STEP7 – Micro/WIN V4.0 和现代一体化电子设计软件 Altium Designer,首先讲授了两种软件的编程环境及使用方法;然后分别介绍了 S7 – 200 PLC 的基本指令编程和电路原理图及 PCB 的设计流程,使读者对软件的使用有一个比较全面的认识,并在此基础上分别设计了典型的练习帮助学生掌握相关技能。

项目二为电工基础实训。介绍了电工基础知识和常见电工仪表的使用方法;首先讲解电工仪表的特点和使用方法;然后分别介绍了三相功率测量方法、相序测量及负序测量方法、互感电路系数确定方法、变压器的工作原理、三相鼠笼异步电动机的启动方法等;并在此基础上示范、指导学生独立完成三相交流电路、相序测量及负序测量电路、互感电路、变压器、三相鼠笼异步电动机等的接线与测量。

项目三为维修电工实训。介绍了常用电气元件与电工工具的使用和操作方法;首先讲解机床电气技能实训装置的主要组成部分及其作用;然后分别介绍了日光灯、一盏灯的电路控制、三相负载、单相电度表等的工作原理及机床电气控制原理;并在此基础上示范、指导学生独立安装和控制日光灯、一盏灯的电路控制、三相负载、单相电度表以及如何排除机床电气故障。

项目四为传感器与测量基础实训。介绍了传感器系统综合实验装置的组成和工作原理;分别讲解了铂热电阻测温原理、金属箔式应变片的应变效应、光电传感器测量转速原理、霍耳传感器测量转速原理、工业过程测量知识及相关自动化仪表的安装、测量及使用知识;并在此基础上示范、指导学生独立操作温度传感器、压力传感器、光电传感器、霍耳传感器、工业过程仪表的测量及自动化仪表的安装、测量及使用等。

项目五为机电一体化实训。介绍了机电一体化基础知识;然后分别讲解了传送带控制知识、机械手控制知识、自动售货机控制知识、液体混合控制知识和电梯控制的知识,并在此基础上示范并指导学生独立完成传送带控制系统的 PLC 控制、机械手控制系统的 PLC 控制、自动售货机的 PLC 模拟控制、液体混合的 PLC 控制、三层楼电梯的 PLC 控制。

项目六为数控机床电气故障诊断实训。介绍了学习数控机床的电气控制及故障诊断;熟悉数控机床伺服驱动单元的调试与故障诊断、数控机床主轴变频单元的调试与故障诊断。讲解数控系统的基本单元、伺服驱动单元、交流变频器的基本知识;并在此基础上示范并指导学生独立完成 FANUC 0i - C/D 系统伺服驱动单元参数设置、FANUC 0i C/0i mate C 系列数控系统交流变频器的工作原理及参数设置、FANUC 0i C/0i mate C 系列数控系统基本的 PMC 参数设定、FANUC PMC 编程、FANUC 0i C/0i mate C 系列数控系统外围机床故障模拟与诊断、FANUC 0i C/0i mate C 系列数控系统的回参功能调整。

本书是在电子科技大学电工电气技术实训讲义基础上整理而成的,是"电工电气技术实训"课程配套的实训指导书,充分考虑了电子类高校电工电气实训所需的知识结构和基本工程技能要求,各部分之间既相对独立,又有相互的有机联系,也可作为相关实践课程指导书,也可供从事电气、电子技术工作的工程技术人员参考。

鉴于本书学科涉及面较广,理论知识与实践应用联系紧密,而作者的知识水平与实践经验有限,因此书中错误在所难免,敬请读者予以谅解与指正。

李晓宁

2014 年 12 月于成都

目　录

项目一　工程软件实训 ··· 1

　实训 1　可编程控制器编程基础 ·· 1

　实训 2　S7 - 200 基本指令编程 ·· 9

　实训 3　Altium Designer 原理图设计 ································· 12

　实训 4　Altium Designer PCB 设计 ································· 19

项目二　电工基础实训 ·· 24

　实训 1　电工实训基础 ·· 24

　实训 2　三相电路相序测量 ·· 30

　实训 3　互感电路观测 ·· 34

　实训 4　变压器的连接与测试 ·· 39

　实训 5　三相交流电路电压、电流及功率测量 ··························· 43

　实训 6　三相鼠笼异步电动机 ·· 49

项目三　维修电工实训 ·· 54

　实训 1　电工实训认识 ·· 54

　实训 2　晶闸管应用实训 ·· 61

　实训 3　照明电路安装实训 ·· 64

　实训 4　单相电度表安装实训 ·· 67

　实训 5　电动机点动控制电路安装实训 ································· 69

　实训 6　机床电气维修 ·· 72

项目四　传感器与测量基础实训 ·· 78

　实训 1　传感器与测量基础认识 ······································ 78

　实训 2　铂热电阻测温 ·· 85

　实训 3　金属箔式应变片测力 ·· 88

　实训 4　光电、霍耳传感器转速测量及转速控制试验 ···················· 90

　实训 5　电涡流传感器的位移特性实验 ································· 94

　实训 6　气敏传感器与湿敏传感器 ···································· 97

项目五　机电一体化实训 ··· 100

　实训 1　机电一体化基础 ··· 100

　　实训 2　传送带控制实训 ……………………………………………… 105

　　实训 3　机械手控制实训 ………………………………………………… 113

　　实训 4　自动售货机控制实训 …………………………………………… 116

　　实训 5　液体混合控制实训 ……………………………………………… 119

　　实训 6　电梯控制实训 …………………………………………………… 122

项目六　数控机床电气故障诊断实训 ……………………………………… 127

　　实训 1　数控机床进给伺服驱动实训 …………………………………… 127

　　实训 2　数控机床主轴驱动及变频器实训 ……………………………… 134

　　实训 3　PMC 参数设定实训 …………………………………………… 139

　　实训 4　PMC 编程实训 ………………………………………………… 143

　　实训 5　外围机床故障模拟与诊断实训 ………………………………… 148

　　实训 6　机床回参考点实训 ……………………………………………… 151

附录 Ⅰ　机床参数下载操作步骤 ………………………………………… 154

参考文献 ……………………………………………………………………… 156

项目一 工程软件实训

实训 1 可编程控制器编程基础

实训目的

1. 熟悉 STEP7 的编程环境及软件的使用方法；
2. 熟悉可编程控制器(PLC)的基本编程指令。

实训内容

1. 学习 PLC 的原理及基本编程指令；
2. 进行 PLC 的基本编程练习。

实训原理

1. PLC 基础

PLC 是 Programmable Logic Control(可编程逻辑控制器)的英文缩写,是一种过程控制装置。1985 年,国际电工委员会(IEC)对 PLC 作了定义:"PLC 是一种数字运算操作的电子系统,专为在工业环境应用而设计。它采用一类可编程的存储器,用于其内部存储程序、执行逻辑运算、顺序控制、定时、计数与算术操作等面向用户的指令,并通过数字或模拟式输入/输出(I/O)控制各种类型的机械或生产过程。可编程控制器及其有关外部设备,都按易于与工业控制系统联成一个整体、易于扩充其功能的原则设计。"

2. PLC 的工作原理

1) 硬件结构

PLC 主要由微处理器(CPU)模块、输入模块、输出模块和编程器组成,如图 1 - 1 - 1 所示。

① CPU 模块:中央处理单元或控制器,主要由 CPU 和存储器组成。

② I/O 模块:输入模块用来接收和采集输入信号,输出模块控制执行器动作。

③ 编程器:编程器是 PLC 的外部编程设备,也可以通过专用的编程电缆线将 PLC 与计算机连接起来,并利用编程软件进行计算机编程和监控。

2) 工作原理

PLC 有两种基本的工作状态,即运行(RUN)状态与停止(STOP)状态。在运行状态,PLC 采用集中输入、集中输出、周期性循环扫描的方式反复不断地重复执行用户程序,直至停机或切换到 STOP 工作状态。

除了执行用户程序之外,在每次循环过程中,PLC 还要完成内部处理、通信处理等工作,一次循环可分为 5 个阶段,如图 1 - 1 - 2 所示。

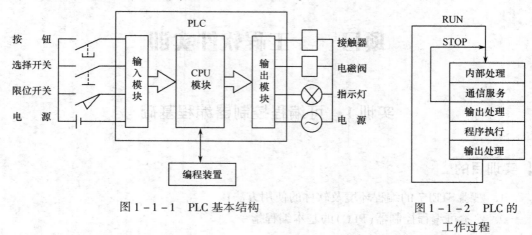

图 1 - 1 - 1　PLC 基本结构　　　　　　　　图 1 - 1 - 2　PLC 的
　　　　　　　　　　　　　　　　　　　　　　　　　　　　　　　工作过程

（1）内部处理:检查 CPU 模块内部的硬件是否正常,将监控定时器复位等。
（2）通信服务:PLC 与带微处理器的智能装置通信。
（3）输入处理:PLC 把所有外部输入电路的通/断(ON/OFF)状态读入输入映像寄存器。
（4）程序执行:执行用户程序。
（5）输出处理:CPU 将输出映像寄存器的通/断状态传送到输出锁存器。
整个程序执行的过程如图 1 - 1 - 3 所示。

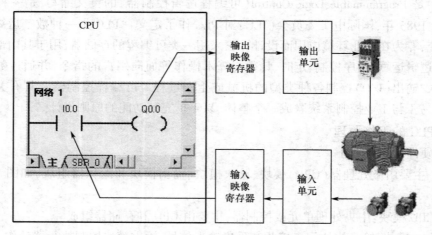

图 1 - 1 - 3　PLC 的程序执行

3. PLC 分类

按照 PLC 的结构可分为整体式、组合式两大类。

1）整体式

把电源、CPU、存储器、I/O 系统都集成在一个基本单元中。小型 PLC 一般都是整体式结构,例如西门子(Siemens)公司生产的 S7 - 200 系列 PLC(图 1 - 1 - 4)。

图 1 - 1 - 4　西门子公司生产的 S7 - 200 系列 PLC

2）组合式

把 PLC 系统的各组成部分按照功能分成若干个模块,如 CPU 模块、输入模块、输出模块等。中大型 PLC 都是组合式,例如西门子公司生产的 S7 - 300 和 S7 - 400 系列 P LC(图 1 - 1 - 5）。

图 1 - 1 - 5　西门子公司生产的 S7 - 300 和 S7 - 400 系列 PLC

4. S7 - 200 PLC 硬件基础

(1) 输入接口:为了提高抗干扰能力,输入接口均有光电隔离电路(图 1 - 1 - 6）。

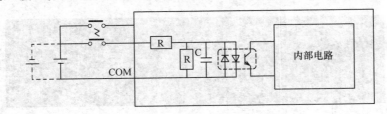

图 1 - 1 - 6　输入接口

(2) 输出接口:S7 - 200 主机配置的输出接口通常是继电器型,为有触点输出,外加负载电源既可以是交流,也可以是直流,响应时间为毫秒(ms)量级,如图 1 - 1 - 7 所示。

其他输出接口还有晶体管型(带直流负载)和晶闸管型(带交流负载)。

图 1 - 1 - 8 为输入元件的实际情况与输入信号的关系。

5. S7 - 200 的内部数据存储区及其寻址

1）输入映像寄存器:I

在每次扫描周期的开始,CPU 对物理输入进行采样,并将采样值输入映像寄存器中。可以按位、字节、字或双字来存取输入过程映像存储器中的数据。

(1) 位:I[字节地址",[位地址",例如:I0.0(图 1 - 1 - 9）。

3

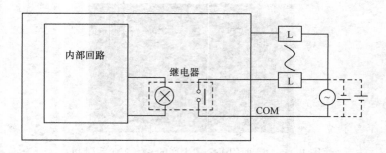

图 1 – 1 – 7 输出接口

过程			PLC输入端的信号状态	判断
输入元件	实际情况	输入端电压		用符号 ┤├ 判断信号状态1
常开	动作	有 ⟹	1	"是" 1
	不动作	无 ⟹	0	"否" 0
常闭	动作	无 ⟹	0	"否" 0
	不动作	有 ⟹	1	"是" 1

图 1 – 1 – 8 输入元件的实际情况与输入信号的关系

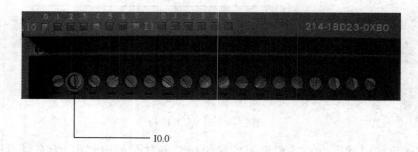

I0.0

图 1 – 1 – 9 I0.0 的物理输入点

（2）字节、字或双字：I［数据长度"，［起始字节地址"，例如：IB0（图 1 – 1 – 10）。
IW1、ID0 分别为字和双字的表达方法。

2）输出映象寄存器：Q

在每次扫描周期的结尾，CPU 将输出映像寄存器中的数值复制到物理输出点上，并将采样值输入。可以按位、字节、字或双字来存取输出映象存储器中的数据。

（1）位：Q［字节地址"，［位地址"，例如：Q0.0（图 1 – 1 – 11）。

（2）字节、字或双字：Q［数据长度"，［起始字节地址"，例如：QB0。

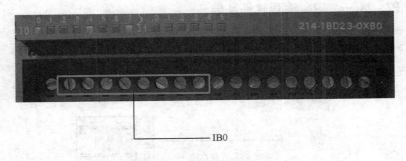

图 1 - 1 - 10　IB0 的物理输入

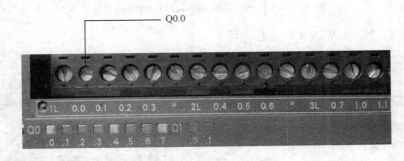

图 1 - 1 - 11　Q0.0 的物理输出点

6. PLC 的编程语言

PLC 的编程语言有多种如梯形图(LAD)、语句表、功能图等。梯形图是最常用的一种(也称为 LAD)。梯形图来源于继电器控制电路图,根据输入条件,由程序运行结果决定逻辑输出的允许条件。逻辑可分成小的部分,称为"网络"或"段"。

在图 1 - 1 - 12 中可以看出梯形图是由符号组成的图形化编程语言。梯形图与电路图十分相似,所不同的是在显示方式上梯形图分支的排列为上下横排,而电路图是左右竖排。

母线┃:位于最左侧,代表电源。触点┤├:代表逻辑"输入"条件。

线圈( ):位于最末端,代表逻辑"输出"结果。

指令盒□:代表附加指令,当能量流到此盒时,就执行一定的功能。

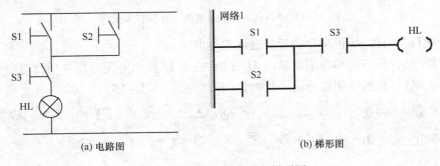

(a) 电路图　　　　　　　　　　(b) 梯形图

图 1 - 1 - 12　电路图与梯形图

7. STEP7 – Micro/WIN 编程软件基础

STEP7 – Micro/WIN32 编程软件是基于 Windows 的应用软件,由西门子公司专门为 S7 – 200 系列 PLC 设计开发。图 1 – 1 – 13 为 S7 – 200 Micro PLC 的编程系统。

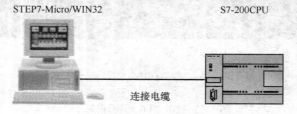

图 1 – 1 – 13　S7 – 200 Micro PLC 的编程系统

1) STEP7 – Micro/WIN 4.0 编程环境

图 1 – 1 – 14 为 STEP7 – Micro/WIN4.0 操作界面图。

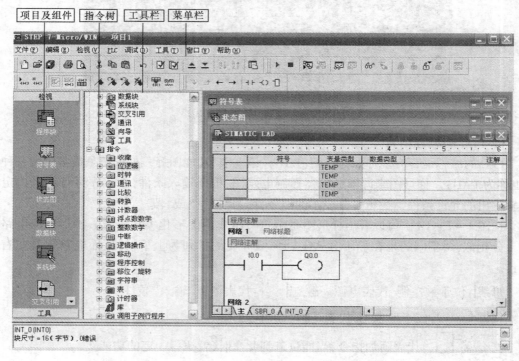

图 1 – 1 – 14　STEP7 – Micro/WIN 4.0 操作界面图

(1) 项目及组件:提供项目编程特性的组件群。

(2) 指令树:为当前程序编辑器(LAD、FBD 或 STL)提供的所有指令项目对象。

(3) 工具栏:提供常用命令或工具的快捷按钮(图 1 – 1 – 15)。

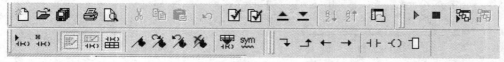

图 1 – 1 – 15　工具栏

6

① 标准工具栏(图1-1-16)。

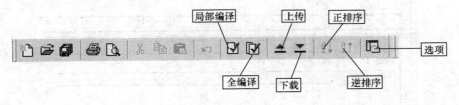

图1-1-16 标准工具栏

② 调试工具栏(图1-1-17)。

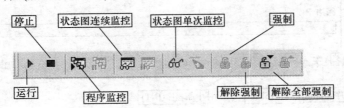

图1-1-17 调试工具栏

③ 常用工具栏(图1-1-18)。

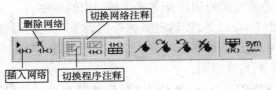

图1-1-18 常用工具栏

④ 梯形图指令工具栏(图1-1-19)。

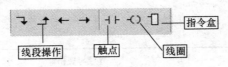

图1-1-19 梯形图指令工具栏

⑤ 项目及其组件

Step7-Micro/WIN4.0为每个实际的S7-200系统的用户程序生成一个项目,项目以扩展名为.mwp的单一文件格式保存。在STEP7-Micro/WIN中项目为用户提供程序和所需信息之间的联系。

程序块█完成程序的编辑及注释。包括:主程序(OB1)、子程序(SBR)和中断程序(INT)。

☞单击█,进入程序块编辑窗口(图1-1-20)。

2)程序编译

单击【PLC】→【编译】菜单,进行编译,如图1-1-20所示。在信息框中可看到编译成功的消息,表明编译成功。

3)编程步骤

7

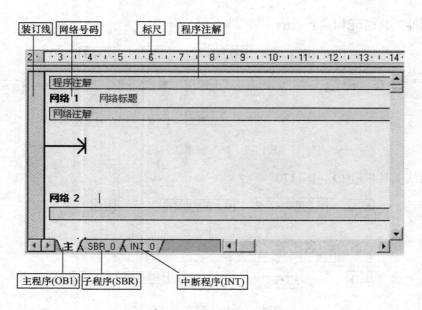

图 1-1-20 程序块编辑窗口

① 确定被控系统必须完成的动作及完成这些动作的顺序。

② 分配输入/输出(I/O)设备,即确定哪些外围设备是把信号送给 PLC,哪些外围设备是接收来自 PLC 信号的。并将 PLC 的 I/O 口与之对应进行分配。

③ 设计 PLC 程序,画出梯形图。

④ 在计算机上用 STEP7 - Micro/WIN V4.0 软件对 PLC 的梯形图直接编程。

⑤ 对程序进行调试(模拟和现场)。

⑥ 保存已完成的程序。

实训器材

序号	名 称	型号与规格	数 量	备 注
1	计算机	—	1	—
2	编程软件	STEP7 - Micro/WIN V4.0	1	—

实训要求

在计算机上用 STEP7 - Micro/WIN V4.0 软件编辑梯形图:

(1) 程序 1:梯形图如图 1-1-21 所示。

(2) 程序 2:梯形图如图 1-1-22 所示。

实训步骤

1. 在计算机上用 STEP7 - Micro/WIN V4.0 软件编辑梯形图。

2. 编译并调试程序,确保程序无误。

3. 经指导教师检查无误后,恢复实验初始状态。

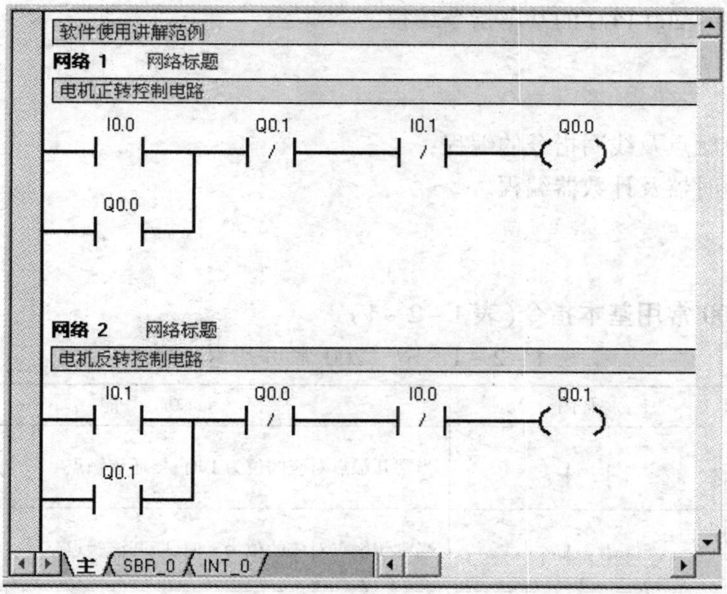

图 1 - 1 - 21　程序 1 梯形图

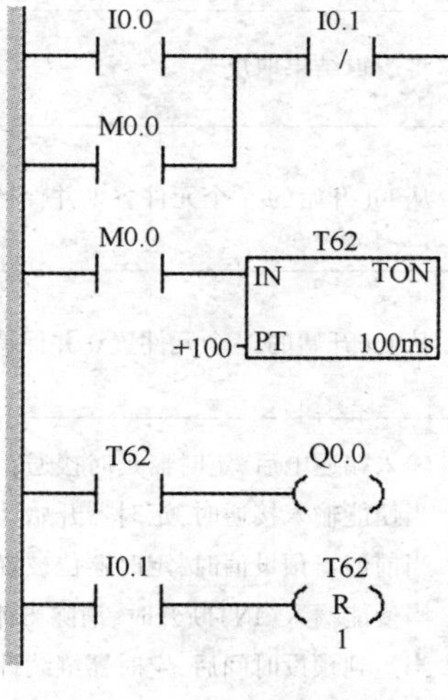

图 1 - 1 - 22　程序 2 梯形图

实训注意事项

不经允许不得随意接通实训台和模块电源开关。

实训 2　S7 - 200 基本指令编程

实训目的

1. 熟悉 S7 - 200 PLC 的基本指令；

9

2. 学习 S7 – 200 PLC 的基本指令编程。

实训内容

1. 学习位触点及线圈指令的编程；
2. 学习定时器及计数器编程。

实训原理

1. S7 – 200 常用基本指令(表 1 – 2 – 1)

表 1 – 2 – 1　S7 – 200 常用基本指令

指令名称	梯形图	功　能
常开触点	??.? ┤ ├	当常开触点对应的位为 1 时，接通该触点
常闭触点	??.? ┤/├	当常闭触点对应的位为 1 时，断开该触点
输出指令	??.? ─( )	用于线圈驱动将输出位的新数值写入输出映像寄存器
非	─┤NOT├─	将逻辑结果取反
置位	??.? ─(S) ????	从 bit 开始的 N 个元件置 1 并保持
复位	??.? ─(R) ????	从 bit 开始的 N 个元件置 0 并保持
接通延时定时器	???? IN TON ????–PT ??? ms	输入端通电后，定时器延时接通； 当使能输入接通时，定时器开始计时； 当前值≥预设值时，定时器位被置位； 当使能输入(IN)断开时，消除当前值； 当达到预设时间后，定时器继续计时，一直计到最大值 32767
关断延时定时器	???? IN TOF ????–PT ??? ms	输入端通电后，定时器延时关断； 当使能输入接通时，定时器开始计时； 当前值≥预设值时，定时器位被置位； 当使能输入(IN)断开时，消除当前值； 当达到预设时间后，定时器继续计时，一直计到最大值 32767
增计数器	???? CU CTU R ????–PV	在每一个 CU 输入的上升沿递增计数； 当使能输入接通时，在每一个 CU 输入的上升沿递增计数，直至计数最大值； 当前计数值(Cxxx)≥预置计数值(PV)时，该计数器位被置位； 当复位输入(R)置位时，计数器被复位

10

指令名称	梯形图	功　　能
增/减计数器	???? CU　CTUD CD R ????-PV	在每一个 CU 输入的上升沿递增计数,在每一个 CD 输入的上升沿递减计数; 当使能输入接通时,使该计数器在每一个 CU 输入的上升沿递增计数,在每一个 CD 输入的上升沿递减计数; 当前计数值(Cxxx)大于等于预置计数值(PV)时,该计数器位被置位; 当复位输入(R)置位时,计数器被复位
减计数器	???? CD　CTD LD ????-PV	当使能输入接通时,计数器在每一个 CD 输入的上升沿从预设值开始递减计数; 当前计数值(Cxxx)为 0 时,计数器位被置位; 当复位输入(LD)置位时,预设值(PV)装入当前值(CV); 当计数值达到 0 时,停止计数

2. CPU224 部分编程元件的编号范围与功能说明(表 1－2－2)

表 1－2－2　S7－200CPU224 部分编程元件

元件名称	编号	编号范围	功能说明
输入寄存器	I	I0.0 ~ I1.5 共 14 点	接受外部输入设备的信号
输出寄存器	Q	Q0.0 ~ Q1.1 共 10 点	输出程序执行结果并驱动外部设备
位存储器	M	M0.0 ~ M31.7	在程序内部使用,不能提供外部输出
定时器	T	T0,T64	保持型通电延时 1ms
		T1 ~ T4,T65 ~ T68	保持型通电延时 10ms
		T5 ~ T31,T69 ~ T95	保持型通电延时 100ms
		T32,T96	ON/OFF 延时 1ms
		T33 ~ T36,T97 ~ T100	ON/OFF 延时 10ms
		T37 ~ T63,T101 ~ T255	ON/OFF 延时 100ms
计数器	C	C0 ~ C255	加法计数器,触点在程序内部使用
高速计数器	HC	HC0 ~ HC5	用来累计比 CPU 扫描速率更快的事件
顺序控制继电器	S	S0.0 ~ S31.7	提供控制程序的逻辑分段
变量存储器	V	VB0.0 ~ VB5119.7	数据处理用的数值存储元件
局部存储器	L	LB0.0 ~ LB63.7	使用临时的寄存器,作为暂时存储器
特殊存储器	SM	SM0.0 ~ SM549.7	CPU 与用户之间交换信息
特殊存储器(只读)	SM	SM0.0 ~ SM29.7	CPU 执行时标志位的状态
累加寄存器	AC	AC0 ~ AC3	用来存放计算的中间值

3. 自锁电路

在通常的电路中,按下开关,电路通电;松开开关,电路又断开了,一旦按下开关,就能够自动保持持续通电,直到按下其他开关使之断路为止;这样的电路称为自锁电路。

11

4. 继电器自锁电路

将继电器的一个空余的辅助触点(常开)与开关并联。当按下开关时,辅助触点吸合,电路通电;松开开关之后,由于辅助触点已经吸合,并向继电器主触点的线圈供电,线圈反过来又保持副触点吸合,电路就可以保持持续的通电了。如图 1 – 2 – 1 中与开关 I0.0 并联的 Q0.0 就是起自锁作用的辅助触点。

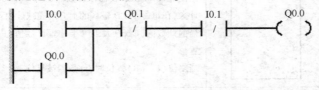

图 1 – 2 – 1   PLC 控制继电器自锁电路梯形图

实训器材

序号	名 称	型号与规格	数 量	备注
1	计算机		1	
2	编程软件	STEP7 – Micro/WIN V4. 0	1	

实训要求

根据设计要求设计梯形图:

1. 当常开触点 I0. 0 接通时,Q0. 0 断开。

2. 接通 I0. 0,Q0. 0 延时 10S 接通,并自锁,接通 I0. 1,Q0. 0 立即停止。

实训步骤

1. 在计算机上用 STEP7 – Micro/WIN V4. 0 软件按下图编辑梯形图。

2. 编译并调试程序,确保程序无误。

3. 经指导教师检查无误后,恢复实验初始状态。

实训注意事项

不经允许不得随意接通实验台和模块电源开关。

实训 3   Altium Designer 原理图设计

实训目的

1. 熟悉 Altium Designer 的编程环境及软件的使用方法;

2. 熟悉原理图的设计。

实训内容

1. 学习原理图设计流程及运算放大器电路原理图设计;

2. 进行多谐振荡器的电路原理图设计。

实训原理

1. Altium Designer 设计软件的应用

Altium Designer 是 Altium 公司继 Protel 系列产品（Protel 99，Protel 99 SE，Protel DXP，Protel 2004）后的高端电子设计自动化设计软件，它将电子产品的板级设计、可编程逻辑设计和嵌入式设计开发融合在一起，可以在单一的设计环境中完成电子设计。

2. Altium Designer 电路设计流程

Altium Designer 电路原理图的设计流程如图 1 – 3 – 1 所示。

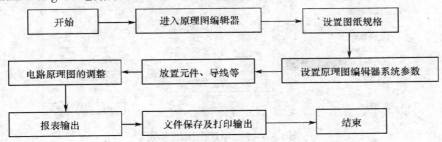

图 1 – 3 – 1　Altium Designer 电路原理设计流程图

3. 原理图设计编辑界面

（1）原理图编辑器主要由菜单栏、工具栏、编辑窗口、文件标签、面板标签、状态栏、命令栏和项目面板等组成如图 1 – 3 – 2 所示。

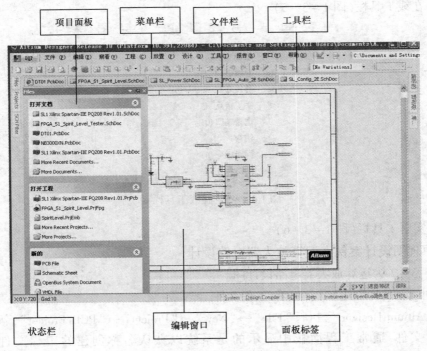

图 1 – 3 – 2　原理图编辑界面

（2）原理图图纸参数

图纸的设置主要包括图纸的大小、方向、标题栏、边框、图纸网格和图纸设计信息等参数，执行菜单命令【设计】→【文档选项】可进行相关设置，界面如图 1 - 3 - 3 所示。

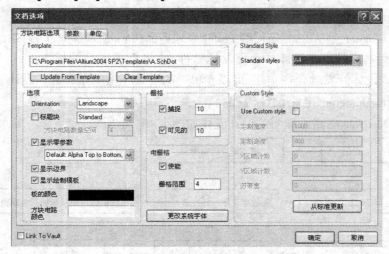

图 1 - 3 - 3　原理图图纸参数

（3）原理图标准工具栏（图 1 - 3 - 4）

图 1 - 3 - 4　原理图标准工具栏

（4）在线工具栏（图 1 - 3 - 5）

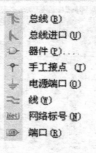

↘	总线 (B)
↖	总线进口 (U)
⊢>	器件 (P) ……
↑	手工接点　(T)
⏚	电源端口 (O)
≈	线 (W)
Net	网络标号 (N)
⇒	端口 (R)

图 1 - 3 - 5　在线工具栏

（5）实用工具栏（图 1 - 3 - 6）

4. 原理图设计案例—运算放大器电路设计

图 1 - 3 - 7 为运算放大器电路设计图。

1）创建新的印制电路板（PCB）工程文件

启动 Altium Designer，执行"File"→"New"→"Project"→"PCB Project"，新建一个 PCB 工程文件，通常工程面板中显示的是系统以默认名称创建的工程文件"PCB_Project1. PrjPCB"，如图 1 - 3 - 8 所示。

14

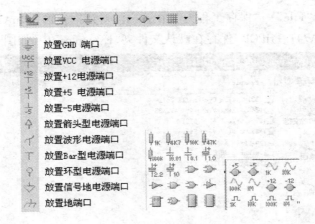

放置GND 端口
放置VCC 电源端口
放置+12电源端口
放置+5 电源端口
放置-5电源端口
放置箭头型电源端口
放置波形电源端口
放置Bar型电源端口
放置环型电源端口
放置信号地电源端口
放置地端口

图1-3-6 应用工具栏

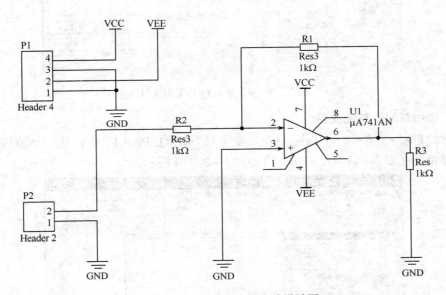

图1-3-7 运算放大器电路设计图

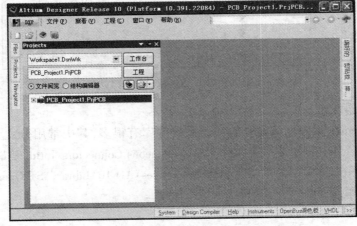

图1-3-8 创建PCB工程文件

15

执行菜单命令"File"→"保存工程为",在弹出的对话框中输入"uA741",单击"保存"按钮,即以名称"uA741.PrjPCB"保存在默认文件夹"Examples"中,如图 1-3-9 所示。

图 1-3-9　命名 PCB 工程文件

2)添加新的原理图文件

执行"File"→"New"→"Schematic",在项目"uA741.PrjPCB"中创建一个原理图空文件,同样将其保存为"uA741.SchDoc",如图 1-3-10 所示。

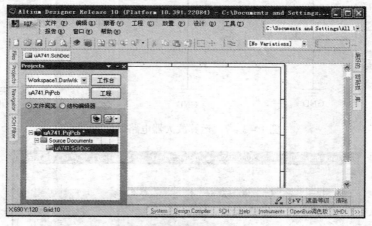

图 1-3-10　创建原理图文件

3)安装元器件库

Altium Designer 系统默认打开的集合元器件库有很多,其中常用分立元器件库 Miscellaneous Devices.Intlib 和常用接插件库 Miscellaneous Connectors.Intlib 是最常用的,本例的"uA741AN"不在这两个库中,在 C:\Program Files\AD 10\Library\ST Operational Amplifier.IntLib 集成库,因此必须先将其加入到系统中。

4)放置电路元件

执行"设计"→"浏览库",打开库文件面板(图 1-3-11)。

在元件名称中找到 uA741AN，双击或单击"Place uA741AN"，将 uA741AN 移动到图纸适当位置，按空格键元件将逆时针旋转 90°，采用同样的方法，将"Miscellaneous Devices. Intlib"设置为当前库，放置电阻 Res3；再将"Miscellaneous Connector. Intlib"置为当前库，放置接插件。

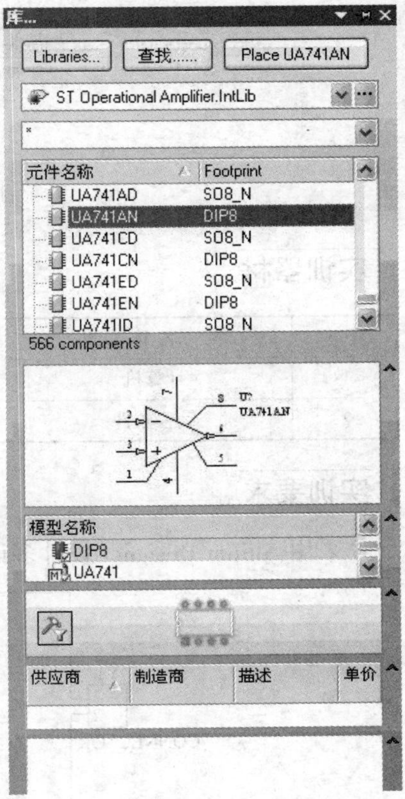

5）绘制电路连线

"执行"Place"→"Wire"或单击 ≈ 按钮，进行连线操作，系统默认单击鼠标左键的两个电气点为导线的起点和终点，如果不在放置导线，单击鼠标右键即可取消系统的导线放置状态。

导线放置完成后，在布线工具栏中单击 ，光标上即出现一个网络标号为"VCC"的"T"形电源符号，本例中有两种电源，即"VCC"（+12V）和"VEE"（-12V）。在电源符号的预放置状态时按下键盘的"Tab"键，即可打开"Power Port（电源端口）属性设置"对话框，如图 1-3-12 所示。

在属性处输入电源的网络标号，在布线工具栏中单击 ⊥ 按钮，自动出现网络标号为"GND"的电源地符号，最终可完成原理图的编辑。

图 1-3-11 编辑电源网络标号

6）电气规则检查

执行"工程"→"Compile PCB Project uA741. PrjPCB"，单击鼠标右键，选择"工程区面板"→"system"→"message"，message 面板在原理图编辑正确时是空白的（图 1-3-13）。

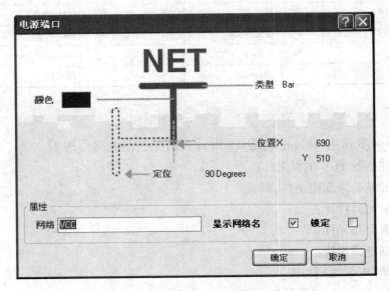

图 1-3-12 "电源端口属性设置"对话框

17

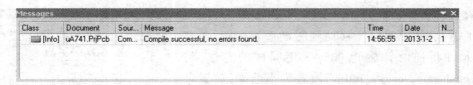

图1-3-13 message 面板

实训器材

序号	名 称	型号与规格	数 量	备注
1	计算机	—	1	—
2	编程软件	Altium Designer 10.0	1	—

实训要求

采用 Altium Designer 设计多谐振荡器电路原理图(图1-3-14)。

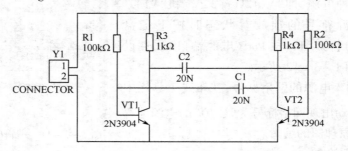

图1-3-14 多谐振荡器电路原理图

元件符号	描 述	封 装
C1,C2	Cap	RAD-0.3
VT1,VT2	2N3904	TO-92A
R1~R4	Res1	AXIAL-0.3
Y1	Header2	HDR1X2

实训步骤

1. 按下列步骤用 Altium Designer 设计多谐振荡器电路原理图。

(1)创建新的 PCB 工程文件;

(2)添加新的原理图文件;

(3)安装元器件库;

(4)放置电路元件;

(5)绘制电路连线;

(6)编译(电气规则检查)无误。

2. 经指导教师检查无误后,恢复实验初始状态。

不经允许不得随意接通实验台和模块电源开关。

实训 4 Altium Designer PCB 设计

实训目的

1. 进一步熟悉 Altium Designer 设计环境;
2. 学习 PCB 的设计。

实训内容

1. 学习 PCB 设计流程及电源板的 PCB 设计;
2. 学习多谐振荡器的 PCB 图设计。

实训原理

1. PCB 设计界面

PCB 图编辑界面主要由菜单栏、工具栏、工作窗口组成(图 1 - 4 - 1)。

图 1 - 4 - 1 PCB 图编辑界面

(1) PCB 编辑器的菜单栏(图 1-4-2)。

图 1-4-2　PCB 编辑器菜单栏

(2) 标准工具栏(图 1-4-3)。

图 1-4-3　标准工具栏

(3) 布线工具栏(图 1-4-4)。

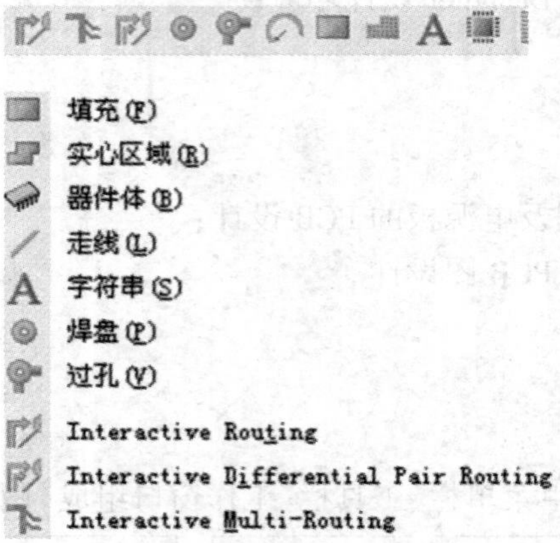

图 1-4-4　布线工具栏

(4) 实用工具栏(图 1-4-5)。

图 1-4-5　实用工具栏

(5) 工作面板。

① 导航器面板:它具有快速定位的功能,单击面板标签"Design Compile",选中"Navigater",即可打开导航器面板。

② PCB 面板:利用该面板,根据所选择的类别,如元器件,网络,规则等,相应图件会在编辑窗口内高亮显示,便于用户浏览或查看当前 PCB 设计文件的详细信息。

2. 基本 PCB 布局的规则

1) PCB 的可制造性与布局设计

(1) 要有合理的走向,如输入/输出、交流/直流、强信号/弱信号、高/低频、高/低压等,它们的走向应该呈线形(或分离),不相互交叉。

(2) 选好接地点,一般情况下要求共地。

(3) 合理布置电源滤波/退耦电容,应尽可能靠近相应元件。

(4) 在允许情况下,线条应尽量放宽;高压及高频线应圆滑。

2) 电路的功能单元与布局设计

(1) 按照电路的流向安排各个功能单元的位置,使信号尽可能保持一致的方向。

20

（2）以每个功能电路的核心组件为中心来进行布局,尽量缩短各元器件之间的引线和连接。

（3）对于在高频下工作的电路,要考虑元件之间的分布参数,一般元件尽量平行排列。

（4）位于 PCB 边缘的元器件,离 PGB 边缘的距离一般不小于 2mm,PCB 的最佳形状为矩形,其长宽比为 3:2 或 4:3。

（5）时钟发生器、晶振和 CPU 的时钟输入端应尽量相互靠近且远离其他低频器件。

（6）考虑在机箱中的位置和方向时,应保证发热量大的器件处在上方。

3. PCB 设计案例—电源板的设计

1）准备原理图

新建一个 PCB 工程,命名为 DCPOWER. PrjPCB,建立一个原理图文件,如图 1 – 4 – 6 所示。将其保存为 DCPOWER. SchDOC,并编译成功。

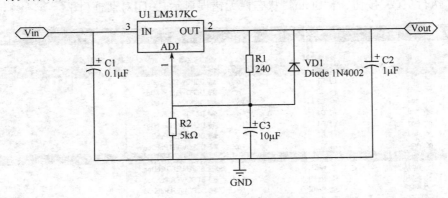

图 1 – 4 – 6　电路原理图

2）新建 PCB 文件

在工程面板中单击鼠标右键,执行“给工程添加新的”→“PCB”,则在项目中新创建了一个 PCB 文件,命名为 DCPOWER. PcbDoc。

3）设置工作层面

执行“设计”→“层叠管理”,在弹出的对话框中单击“Menu”,然后选择“双层”,如图 1 – 4 – 7 所示。

4）定义电路板的边界

单击板层标签中的“Keep – Out Layer”标签,将其设置为当前层,执行画线,在“Keep – Out Layer”中画出一个外框,确定 PCB 的电气边界。

Bottom Overlay　Top Paste　Bottom Paste　Top Solder　Bottom Solder　Drill Guide　Keep-Out Layer

5）导入原理图设计文件

打开原理图 DCPOWER. SchDoc,执行“设计”→“Update PCB Document DCPOWER. PcbDoc”,将当前原理图中的设计导入 PCB 文件中,并打开“工程更改顺序”对话框,该对话框中列出了对 PCB 文件加载网表的一些具体操作。依次单击“生效更改”

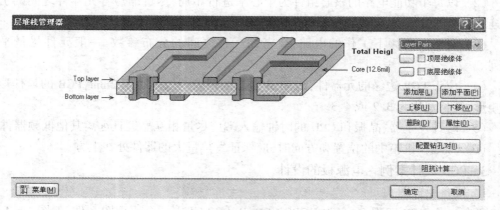

图 1-4-7 "层堆栈管理器"对话框

按钮和"执行更改"按钮,若"Status"状态栏无错误显示,关闭对话框(图 1-4-8)。

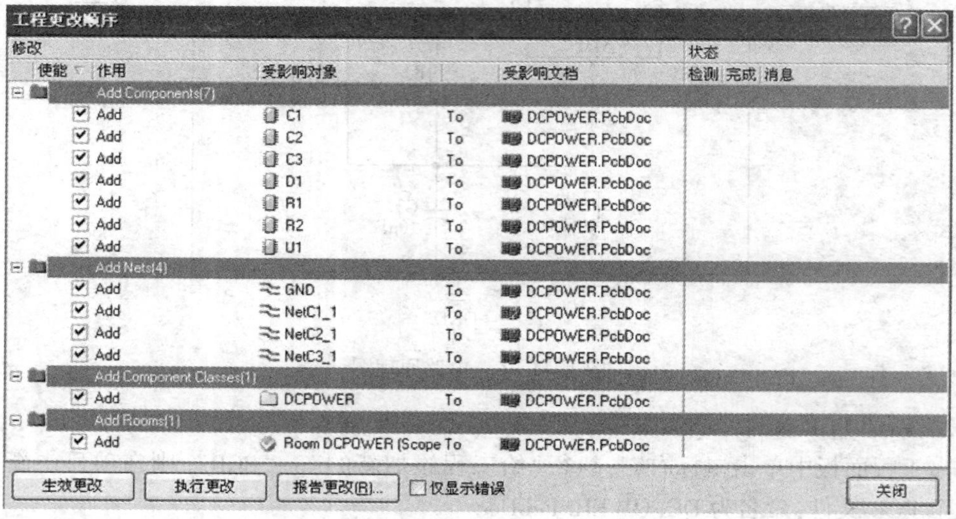

图 1-4-8 "工程更改顺序"对话框

6)元器件的布局

执行"设计"→"Rooms"→"移动 Room"将 Room 空间内的全部或部分元件移到 PCB 上,然后再执行"编辑"→"删除",移动光标到 Room 空间的 DCPOWER 上,单击鼠标左键删除空间。用鼠标拖动各个器件,放到合适的位置。

7)手动布线

执行"设计"→"规则",在"PCB Rules and Constraints Editors"对话框的"Width"规则的设置窗口中,将"Min Width"、"Preferred Width"和"Max Width"分别设置为 10mil (1mil=0.0254mm)、20mil、80mil,如图 1-4-9 所示。

单击工具栏内的 按钮开始布线,在布线过程中,可随时按<Tab>键,在弹出的对话框中修改导线的宽度。本例将电源线的布线宽度设置为 50mil,地线的布线宽度设置为 50mil,将其余线的布线宽度设置为 20mil。

22

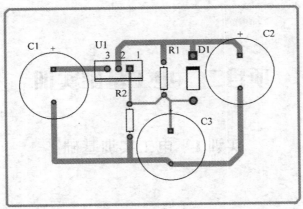

图 1 - 4 - 9　手动布线示意图

实训器材

序号	名　称	型号与规格	数　量	备　注
1	计算机		1	
2	编程软件	Altium Designer 10.0	1	

实训要求

根据实训 3 中的电路原理图设计相应的 PCB 图。

基本要求:

(1) 满足基本 PCB 布局规则;

(2) 电源线宽度设置为 50mil, 地线布线为 50mil, 其余线的宽度设置为 20mil;

(3) 双面板尺寸适中。

实训步骤

1. 按下列步骤用 Altium Designer 设计多谐振荡器 PCB 板图。

(1) 新建 PCB 文件;

(2) 设置工作层面;

(3) 定义电路板的边界;

(4) 导入原理图设计文件;

(5) 对元器件进行合理布局;

(6) 手动布线。

2. 经指导教师检查无误后, 恢复实验初始状态。

实训注意事项

不经允许不得随意接通实验台和模块电源开关。

项目二　电工基础实训

实训 1　电工实训基础

实训目的

1. 了解基础电气知识;
2. 熟悉 KHDG – 1(B)型高性能电工综合实验装置的基本操作安全知识与规范;
3. 熟悉常见电工仪表;
4. 掌握电工仪表的量程扩展方法和改装方法。

实训原理及装置

1. KHDG – 1(B)型高性能电工综合实验台

KHDG – 1(B)型高性能电工综合实验台如图 2 – 1 – 1 所示,主要包括实验台电源模块区,挂箱区,实验台底座区。

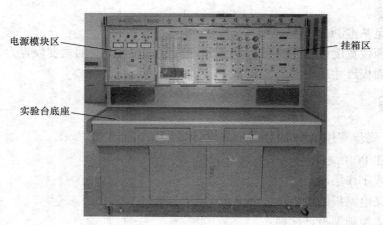

图 2 – 1 – 1　KHDG – 1(B)型高性能电工综合实验台

1) 实验台电源模块

实验台电源模块区如图 2 – 1 – 2 所示。

(1)"电源总开关"和"启动"、"停止"按钮用来接通和断开电源模块总电源。接通电源时,先打开"电源总开关",再按"启动"按钮;断开电源时,先按"停止"按钮,再断开"电源总开关"。

(2)3 只"交流电压表"用来指示三相电网电压或三相调压输出 U_{UV}、U_{VW} 和 U_{WU}。指

24

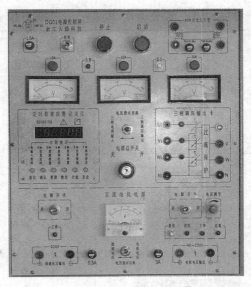

图 2 - 1 - 2 实验台电源模块

示切换由"电压指示切换"开关控制。

（3）三相交流可调电压输出由实验台侧面的旋钮进行调节,如图 2 - 1 - 3 所示。

（4）3 只 10A 的熔断器,当由于某种原因导致熔断器熔断时,就会发光。

（5）"定时器兼告警记录仪"用来设定考核用时和记录装置故障次数。

（6）"直流电机电源"用来提供实训项目中直流电机需要的直流励磁电源和直流电枢电源。

2）实验台挂箱区

实验台挂箱区如图 2 - 1 - 4 所示,底部有电源和信号接口,用于给部分挂箱模块提供电源和信号交换通道。

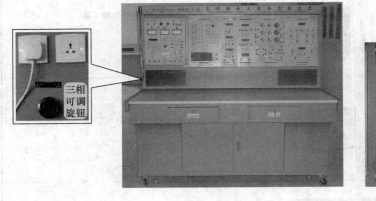

图 2 - 1 - 3 三相可调电压输出旋钮　　　　图 2 - 1 - 4 实验台挂箱区

2. 常见的电工仪表

常见的电工仪表有数字万用表、数字示波器、钳形电流表、功率表、兆欧表等,如表 2 - 1 - 1 所列。

表 2 - 1 - 1　常见的电工仪表及其功能用途

仪器仪表	设备图示	功能及用途
数字万用表		主要测量直流电流、直流电压、交流电压、电阻和音频电平等
模拟万用表		
数字示波器	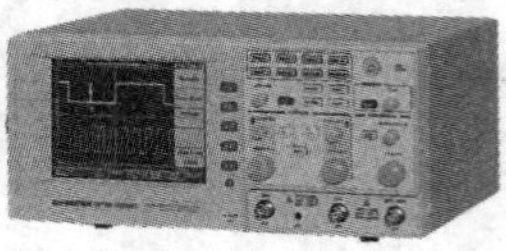	显示被测信号波形,测出信号幅值和周期,完成两个信号相位等的比较
钳形电流表		在不剪断导线的情况下直接测量电路交流电流
兆欧表		用于测量电器设备的绝缘电阻
电流表(交、直流)		测量直流电流、交流电流的大小,有指针式和数字式两类
瓦特计(功率表)		测量交流有功功率或无功功率的大小,有指针式和数字式两类

3. 毫安表量程的扩展方法

满量程为 1mA 的毫安表,测量超过 1mA 的电流,必须扩大毫安表量程,即选择一个合适的分流电阻 R_A 与之并联,如图 2 - 1 - 5(a)所示。

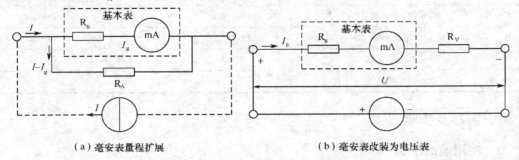

（a）毫安表量程扩展　　　　　　　　（b）毫安表改装为电压表

图 2 - 1 - 5　仪表量程的扩展和改装

设:基本表满量程为 $I_g = 1\text{mA}$,基本表内阻 $R_g = 100\Omega$。现要将其量程扩大 10 倍(即可用来测量 10mA 电流),则应并联的分流电阻 R_A 应满足下式:

$$I_g R_g = (I - I_g) R_A$$

$$1\text{mA} \times 100\Omega = (10 - 1)\text{mA} \times R_A$$

$$R_A = \frac{100}{9} = 11.1\Omega$$

同理,要使其量程扩展为 100mA,则应并联 1.11Ω 的分流电阻。

当用改装后的电流表来测量 10(或 100)mA 以下的电流时,只要将基本表的读数乘以 10(或 100)或者直接将电表面板的满刻度刻成(10 或 100)mA 即可。

4. 毫安表改装为电压表的方法

毫安表也可以改装为电压表,只要选择一只合适的分压电阻 R_V 与基本表相串联即可,如图 2 - 1 - 5(b)所示。

设基本表满量程为 $I_g = 1\text{mA}$,基本表内阻 $R_g = 100\Omega$。现要将其改装为量程为 1V 的电压表,则应串联的分压电阻 R_V 应满足下式:

$$U = U_g + U_V = I_g (R_V + R_g)$$

$$1\text{V} = 1\text{mA} \times (R_V + 100\Omega)$$

$$R_V = \frac{1}{0.001} - 100 = 900\Omega$$

实训器材

序号	名　称	型号与规格	数　量	备　注
1	高性能电工综合实验装置	KHDG - 1(B)型	1	
2	万用表		1	
3	可调直流电压源	0 ~ 30V	1	DG04 - 1

序号	名称	型号与规格	数量	备注
4	可调直流电流源	0～5A	1	DG04－1
5	基本表(毫安表)	1mA,100Ω	1	DG05
6	电阻	11.1Ω	1	DG05
7	控制双端护套线		若干	
8	强电双端护套线		若干	

◢ 实训内容及步骤

1. 使用前的准备

（1）"电源总开关"处于关断位置。

（2）"电压指示切换"开关处于"三相电网输入"位置。

（3）"直流电机电源"开关处于关断位置。

（4）"三相可调旋钮"逆时针旋到底。

2. 控制屏电源模块测试

（1）检查确定三相可调输出旋钮是否逆时针旋到底。

（2）将"电源总开关"旋到"开"位置。

观察实验台电源模块三只交流电压表读数并记入下表。

电压表指示	表1/V	表2/V	表3/V
"电压指示切换"→"三相电网输入"			
"电压指示切换"→"三相调压输出"			

用万用表测量下列三相交流电压并填入下表。

U_{U1V1}/V	U_{V1W1}/V	U_{W1U1}/V	U_{U1N1}/V	U_{UV}/V	U_{VW}/V	U_{WU}/V	U_{UN}/V

（3）按下"启动"按钮。

观察实验台电源模块三只交流电压表读数并记入下表。

电压表指示	表1/V	表2/V	表3/V
"电压指示切换"→"三相电网输入"			
"电压指示切换"→"三相调压输出"			

用万用表测量下列三相交流电压并填入下表。

U_{U1V1}/V	U_{V1W1}/V	U_{W1U1}/V	U_{U1N1}/V	U_{UV}/V	U_{VW}/V	U_{WU}/V	U_{UN}/V

（4）将"电压指示切换开关"切换到"三相调压输出"位置,调节三相交流可调输出旋钮,观察3只交流电压表读数,并用万用表测量三相可调输出,依次记录4组电压数据。注意:电压表读数不超过380V。

三相调压输出		U_{UV}/V	U_{VW}/V	U_{WU}/V	U_{UN}/V
旋钮位置 1	电压表读数				
	万用表读数				
旋钮位置 2	电压表读数				
	万用表读数				
旋钮位置 3	电压表读数				
	万用表读数				
旋钮位置 4	电压表读数				
	万用表读数				

（5）将"三相可调旋钮"逆时针旋到底，按下"停止"按钮，将"电压指示切换开关"切换到"三相电网输入"位置，将"电源总开关"切换到关断位置。

3. 毫安表量程的扩展

（1）将挂箱 DG05、DG04－1 挂于实验台上，接好相应的电源和信号线。

（2）计算分流电阻阻值，将毫安表量程扩大为 10mA。

（3）在 DG05 模块上选择阻值最接近的分流电阻，按图 2－1－5（a）接线。

（4）确定所接可调直流电流源"输出粗调"位于 20mA 挡，"输出细调"逆时针旋到底（输出为零）。

（5）打开实验台"电源总开关"，按"启动"按钮。

（6）打开直流"电流源开关"，调节旋钮使输出值从最小值依次增大到 10mA，用改好的毫安表依次测量恒流源的输出电流，记入下表。

恒流源输出/mA	0	2	4	6	8	
毫安表读数/mA						满量程

（7）将"输出细调"逆时针旋到底，关闭直流"电流源开关"，按实验台"停止"按钮，关闭实验台"电源总开关"，拆除接线。

（8）依照以上步骤，将毫安表量程扩展为 100mA，并对其进行校验，校验数据记入下表。

恒流源输出/mA	0	20	40	60	80	
毫安表输出/mA						满量程

（9）若将毫安表量程扩展为 50mA，试计算应该并联的电阻值，记入下表。

电流表量程/mA	分流电阻阻值/Ω
50	

4. 将毫安表改装为电压表

（1）将挂箱 DG05、DG04－1 挂于实验台上，接好相应的电源和信号线。

（2）按照原理图 2－1－5（b）进行毫安表的改装。

（3）将毫安表改装为量程为 1V 的电压表并进行校验，校验数据记入下表。

恒压源输出/V	0	0.2	0.4	0.6	0.8	
毫安表输出/mA						满量程

（4）将毫安表改装为量程为10V的电压表并进行校验,校验数据记入下表。

恒压源输出/V	0	2	4	6	8	
毫安表输出/mA						满量程

注意事项及规范

1. 实验前或实验结束时,请先关闭各挂箱"模块电源开关",各负载电阻调到最大,再将三相调压输出调到零位置（逆时针旋到底）,最后才可以按"停止"按钮,并将"电源总开关"断开。

2. 实验接线完成,准备通电时,先将三相可调输出调到零,然后接通"电源总开关",再按"启动"按钮,最后接通各挂箱模块电源。

3. 在实验接线前或线路变动时,必须保证实验台和各挂箱模块断电,或先按照"1"的正确顺序切断实验台电源。

4. 接线时,特别是各种仪表接线时,一定要注意区分交流回路和直流回路、电压回路和电流回路。

5. 开启 DG04－1 挂箱时,应将电压源和恒流源输出调为最小。

6. 当恒流源接有负载时,如果需要将其粗调旋钮由低挡位向高挡位切换时,必须先将其细调旋钮调至最小,否则输出电流会突增,可能会损坏外接器件。

思考题与实训题

1. 搭建一个交流或直流回路,使用钳形电流表测量回路电流。
2. 使用兆欧表测量工作台外壳绝缘电阻。

实训2　三相电路相序测量

实训目的

1. 了解三相交流电路相序知识;
2. 熟悉三相交流电路相序的测量方法。

实训原理及装置

电网三相交流电源的电压相量或电流相量互差120°,电源相量的超前、滞后顺序称为相序。三相电源的相序一般为 U 相—V 相—W 相（或 A 相—B 相—C 相）,称为正序,相对来说 U 相—W 相—V 相（或 A 相—C 相—B 相）,则称为负序。

1. 相序检测电路

图 2－2－1 为相序检测电路,用以测定三相电源的相序。它是由一个电容器和两个

电灯连接成的星形(丫)不对称三相负载电路。

相序判断的原则:三相电源火线接入相序检测电路的三个端子,电容所接的为第一相,较亮的灯泡接的是第二相,较暗的灯接的是第三相。

2. 负序检测电路

图2-2-2为负序检测电路,也称为负序电压过滤器,用于检测已知的三相电源 A—B—C 为正序还是负序。它由 C_1、R_1、C_2、R_2 组成。

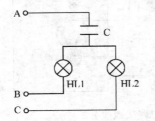
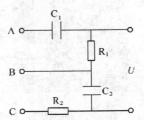

图2-2-1 相序检测电路原理图　　图2-2-2 负序检测电路原理图

若选择 $R_1 = \sqrt{3}X_{C1}$,$R_2 = X_{C2}/\sqrt{3}$,则:

(1) 当输入端加正序电压时,过滤器没有输出(或只有很小的不平衡电压);

(2) 当输入端加负序电压时,过滤器输出为 $U = 1.5\sqrt{3}U_\phi = 1.5U_l$。

其中,U_ϕ 为三相电源的相电压有效值,U_l 为线电压有效值,$U_l = \sqrt{3}U_\phi$。

实训器材

序号	名　称	型号与规格	数　量	备注
1	万用表		1	
2	相序检测电路		1	PDG15
3	负序检测电路		1	PDG15
4	白炽灯灯组负载	15W/220V	2	DG08-1
5	强电双端护套线		若干	

实训内容及步骤

1. 三相电源相序的测定

(1) 将挂箱 PDG15 和 DG08-1 挂于实验台上,接好相应的电源和信号线。

(2) 确定"三相可调输出"逆时针旋到底,"电源总开关"断开。

(3) 将两个 15W/220V 的灯泡分别安装在 DG08-1 三相负载箱上。

(4) 按照原理接线图2-2-1将两个灯泡接入相序检测电路,其接线如图2-2-3所示。

(5) 开启"电源总开关",将"电压指示切换开关"切换到"三相调压输出",按下"启动"按钮,调节三相可调输出旋钮并观察电压表指示,直到电压读数为220V。

(6) 观察两个灯泡的亮度,记入下表并判断电源的相序。

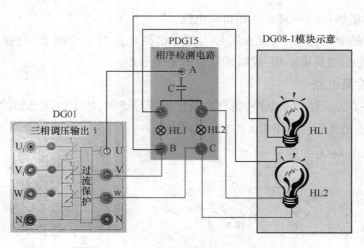

图 2 - 2 - 3 相序检测电路接线(1)

两个灯泡的亮度比较 (HL1 灯泡较亮或 HL2 灯泡较亮)	三相电源相序(U - V - W 或 U - W - V)

（7）按下实验台"停止"按钮。

（8）将电源线任意调换两相后再接入电路,实际接线如图 2 - 2 - 4 所示。

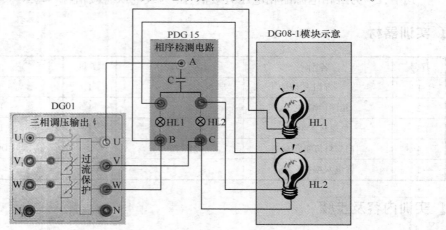

图 2 - 2 - 4 相序检测电路接线(2)

（9）按下实验台"启动"按钮接通三相电源,观察两个灯泡的亮度,记入下表并判断电源的相序。

两个灯泡的亮度比较 (HL1 灯泡较亮或 HL2 灯泡较亮)	三相电源相序(U - V - W 或 U - W - V)

（10）将三相可调输出旋钮逆时针旋到底(输出电压为零),将灯泡开关断开,按下"停止"按钮,将"电压指示切换开关"切换到"三相电网输入",关闭实验台"电源总开

关",拆除接线。

2. 三相电源负序的检测

（1）将挂箱 PDG15 置于实验台上。

（2）确定"三相可调输出"逆时针旋到底，"电源总开关"断开。

（3）按照原理接线图 2 - 2 - 2 将三相电源接入负序检测电路，其实际接线如图 2 - 2 - 5 所示。

（4）开启"电源总开关"，将"电压指示切换开关"切换到"三相调压输出"，按下"启动"按钮，调节三相可调输出旋钮并观察电压表指示，直到电压读数为 50V。

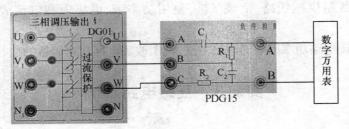

图 2 - 2 - 5 负序检测电路接线（1）

（5）万用表测量 A、B 两端的交流电压，记入下表并判断三相电源是正序接入还是负序接入。

U_{AB}/V	三相电源相序（正序或负序）

（6）按下实验台"停止"按钮。

（7）将电源线任意调换两相后再接入电路，实际接线图如图 2 - 2 - 6 所示。

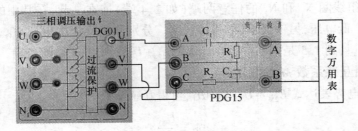

图 2 - 2 - 6 负序检测电路接线（2）

（8）按下实验台"启动"按钮接通三相电源，用数字万用表测量 A、B 两端的交流电压，记入下表并判断三相电源是正序接入还是负序接入。

U_{AB}/V	三相电源相序（正序或负序）

（9）将三相可调输出旋钮逆时针旋到底（输出电压为零），按下实验台"停止"按钮，将"电压指示切换开关"切换到"三相电网输入"，关闭实验台"电源总开关"，拆除接线。

1. 实验前或实验结束时,确定三相调压输出为零,负载开关断开,"电源总开关"断开。

2. 实验接线完成,准备通电时,确定三相调压输出为零,接通"电源总开关",再按下"启动"按钮,最后接通负载开关。

3. 在实验接线前或线路变动时,必须保证实验台断电。

思考题与实训题

1. 三相三线制供电线路,负载丫接,使用功率表、电压表和电流表测量电路功率因数。

2. 根据交流电路功率因数的测量方法,说明改善电网功率因数的途径。

实训 3　互感电路观测

实训目的

1. 了解两个线圈相对位置改变,以及用不同材料作线圈芯时对互感影响;
2. 掌握互感电路同名端、互感系数以及耦合系数的测定方法。

实训原理及装置

1. 判断互感线圈同名端的方法

互感线圈的同名端是指两个线圈感应电动势的同极性端,其测量方法有直流法和交流法。交流法测量互感线圈的同名端原理如图 2 - 3 - 1 所示。

将两个绕组线圈 N_1 和 N_2 的任意两端(如 2、4 端)连在一起,在其中的一个绕组(如 N_1)两端加一个低电压,另一绕组(如 N_2)开路。分别测出交流端电压 U_{13}、U_{12} 和 U_{34}。若 $U_{13} = |U_{12} - U_{34}|$,则 1、3 是同名端;若 $U_{13} = |U_{12} + U_{34}|$,则 1、4 是同名端。

2. 两线圈互感系数 M 的测定

根据互感电势表达式 $E_{2M} \approx U_{20} = \omega M I_1$,可得互感系数为

$$M = \frac{U_{20}}{\omega I_1}$$

式中:U_{20} 为 N_2 侧开路时的 U_2 电压。测量互感线圈互感系数的原理图如图 2 - 3 - 2 所示。

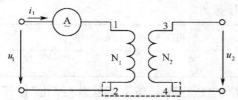 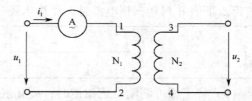

图 2 - 3 - 1　交流法测量互感线圈同名端图　　图 2 - 3 - 2　互感线圈互感系数 M 的测量原理图

在 N_1 侧施加交流电压 U_1，测出 N_2 侧开路时的 I_1 及 U_2，即可计算出互感系数 M。

3. 耦合系数 k 的测定

两个互感线圈耦合松紧的程度可用耦合系数 k 来表示，即

$$k = M / \sqrt{L_1 L_2}$$

式中：测量计算 L_1 和 L_2 的一般方法如下：

（1）在 N_1 侧加低压交流电压 U_1，测出 N_2 侧开路时的电流 I_1，计算 $Z_1 = U_1 / I_1$，如图 2 - 3 - 3(a) 所示。

（2）在 N_2 侧加低压交流电压 U_2，测出 N_1 侧开开路时的电流 I_2，计算 $Z_2 = U_2 / I_2$，如图 2 - 3 - 3(b) 所示。

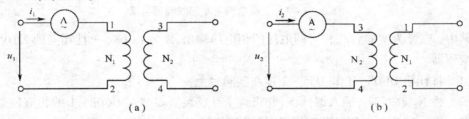

图 2 - 3 - 3   互感线圈耦合系数 k 的测量原理图

（3）用万用表测量 N_1 的电阻值 R_1，则 N_1 的电抗值为

$$X_1 = \sqrt{Z_1^2 - R_1^2}$$

电感值为

$$L_1 = X_1 / \omega$$

（4）用万用表测量 N_2 的电阻值 R_2，则 N_2 的电抗值为

$$X_2 = \sqrt{Z_2^2 - R_2^2}$$

电感值为

$$L_2 = X_2 / \omega$$

实训器材

序号	名　称	型号与规格	数　量	备注
1	万用表		1	
2	数字交流电流表	0 ~ 5A	1	D35 - 2
3	空心互感线圈	N_1 为大线圈 N_2 为小线圈	1 对	DG08 - 1
4	粗、细铁棒、铝棒		各1	
5	变压器	36V/220V	1	DG08 - 1
6	强电双端护套线		若干	

● 实训内容及步骤

1. 用交流法测定互感线圈的同名端

用交流法测定互感线圈同名端的接线图如图2－3－4所示。

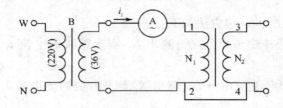

图2－3－4　交流法测定互感线圈同名端

其中,W、N 为实验台三相可调电压的相电压输出,B 为 DG08－1 挂箱上的220V/36V 降压变压器。

（1）将挂箱 DG08－1 和 D35－2 挂在实验台上。

（2）将 N_2 放入 N_1,插入细铁棒,并将整个互感装置安装在 DG08－1 的相应位置。

（3）确定实验台三相可调旋钮逆时针旋到底(三相可调输出为零)。

（4）根据图2－3－4接线,其实物接线如图2－3－5所示。

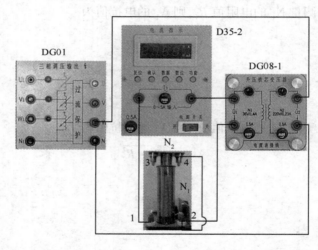

图2－3－5　交流法测定互感线圈同名端实物接线图

（5）开启"电源总开关",将"电压指示切换开关"切换到"三相调压输出",将按下 "启动"按钮接通电源,打开 D35－2 模块电源。

（6）缓慢旋转三相可调旋钮,同时观察交流电流表读数,使流过电流表的电流小于 1.4A(如三相调压输出约60V)。

（7）用万用表分别测量交流端电压 U_{13}、U_{12} 和 U_{34} 记入下表并判定互感线圈同名端。

U_{13}/V	U_{12}/V	U_{34}/V	同名端

（8）将三相可调旋钮逆时针旋到底，关闭 D35 - 2 模块电源，按下"停止"按钮，将"电压指示切换开关"切换到"三相电网输入"，关闭"电源总开关"，拆除接线。

2. 两线圈互感系数 M 的测定

测量两线圈的互感系数 M 及 N_1 线圈阻抗的原理接线图，如图 2 - 3 - 6 所示。

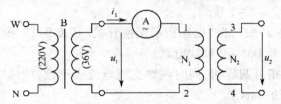

图 2 - 3 - 6 测定互感系数 M 及 N_1 线圈阻抗原理接线图

其中，W、N 为实验台三相可调电压的相电压输出，B 为 DG08 - 1 挂箱上的220V/36V降压变压器。

（1）将挂箱 DG08 - 1 和 D35 - 2 挂在实验台上。

（2）将 N_2 放入 N_1，插入细铁棒，并将整个互感装置安装在 DG08 - 1 的相应位置。

（3）确定实验台三相可调旋钮逆时针旋到底（三相可调输出为零）。

（4）根据原理图 2 - 3 - 6 接线。

（5）开启"电源总开关"，将"电压指示切换开关"切换到"三相调压输出"，按下"启动"按钮接通电源，打开 D35 - 2 模块电源。

（6）缓慢旋转三相可调旋钮，同时观察交流电流表读数，使流过电流表的电流小于1.4A（如三相调压输出约为60V）。

（7）用万用表测量 N_1 的交流电压 U_1 和 N_2 的交流电压 U_2，同时读出交流电流表的 I_1 数值，记入表格并计算出 M 值和 Z_1 值。

U_1/V	U_2/V	I_1/A	互感系数 $M = U_2/\omega I_1$	N_1 的阻抗 $Z_1 = U_1/I_1$

（8）将三相可调旋钮逆时针旋到底，关闭 D35 - 2 模块电源，按下"停止"按钮，将"电压指示切换"开关切换到"三相电网输入"，关闭"电源总开关"，拆除接线。

3. 两线圈耦合系数 k 的测定

测量 N_2 线圈阻抗原理接线，如图 2 - 3 - 7 所示。

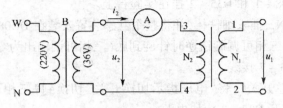

图 2 - 3 - 7 测量 N_2 线圈阻抗原理接线图

其中，W、N 为实验台三相可调电压的相电压输出，B 为 DG08 - 1 挂箱上的220V/36V降压变压器。

1) 测量 N_2 的阻抗 Z_2

（1）将挂箱 DG08 – 1 和 D35 – 2 挂在实验台上。

（2）将 N_2 放入 N_1，插入细铁棒，并将整个互感装置安装在 DG08 – 1 的相应位置。

（3）确定实验台三相可调旋钮逆时针旋到底（三相可调输出为零）。

（4）根据原理图 2 – 3 – 7 接线。

（5）开启"电源总开关"，将"电压指示切换开关"切换到"三相调压输出"，按下"启动"按钮接通电源，打开 D35 – 2 模块电源。

（6）缓慢旋转三相可调旋钮，同时观察交流电流表读数，使流过电流表的电流小于 1A（如三相调压输出约 300V）。

（7）用万用表测量 N_2 的交流电压 U_2，同时读出交流电流表的 I_2 数值，记入表格并计算 Z_2 值。

U_2/V	I_2/A	N_2 的阻抗 $Z_2 = U_2/I_2$

（8）将三相可调旋钮逆时针旋到底，关闭 D35 – 2 模块电源，按下"停止"按钮，将"电压指示切换开关"切换到"三相电网输入"，关闭"电源总开关"，拆除接线。

2) 两线圈耦合系数 k 的计算

（1）用万用表的 $R \times 1$ 挡分别测出 N_1 和 N_2 线圈的 R_1 和 R_2 电阻值，记入下表。

（2）计算两互感线圈的电感值和耦合系数。

R_1/Ω	R_2/Ω
N_1 的电抗 $X_1 = \sqrt{Z_1^2 - R_1^2}$	N_2 的电抗 $X_2 = \sqrt{Z_2^2 - R_2^2}$
N_1 的电感 $L_1 = X_1/\omega$	N_2 的电感 $L_2 = X_2/\omega$
耦合系数 $k = M/\sqrt{L_1 L_2}$	

4. 观察互感现象

（1）将挂箱 DG08 – 1 和 D35 – 2 挂在实验台上。

（2）将 N_2 放入 N_1，插入细铁棒，并将整个互感装置安装在 DG08 – 1 的相应位置。

（3）确定实验台三相可调旋钮逆时针旋到底（三相可调输出为零）。

（4）根据图 2 – 3 – 7 接线。

（5）开启"电源总开关"，将"电压指示切换开关"切换到"三相调压输出"，按下"启动"按钮接通电源，打开 D35 – 2 模块电源。

（6）缓慢旋转三相可调旋钮，同时观察交流电流表读数，使流过电流表的电流小于 1A（如三相调压输出约为 150V）。

（7）将铁棒慢慢地从两线圈中抽出和插入，观察交流电流表读数的变化，记录现象。

铁棒抽出时	铁棒插入时

（8）改用铝棒代替铁棒，将铝棒慢慢地从两线圈中抽出和插入，观察交流电流表读数的变化，记录现象。

铝棒抽出时	铝棒插入时

（9）将两线圈改为并排放置，将粗铁棒插入 N_1，细铁棒插入 N_2，并改变其间距，观察交流电流表读数的变化，记录现象。

N_1 和 N_2 靠近时	N_1 和 N_2 分开时

（10）将三相可调旋钮逆时针旋到底，关闭 D35 - 2 模块电源，按下"停止"按钮，将"电压指示切换开关"切换到"三相电网输入"，关闭"电源总开关"，拆除接线。

注意事项及规范

1. 实验前或实验结束时，确定各挂箱模块电源关断，三相调压输出为零，"电源总开关"断开。

2. 实验接线完成，准备通电时，确定三相调压输出为零，接通"电源总开关"，再按"启动"按钮，最后接通模块电源。

3. 在实验接线前或线路变动时，必须保证实验台和各挂箱模块断电。

4. 测定同名端、互感和耦合系数实验中，应将小线圈 N_2 套在大线圈 N_1 中，并插入铁芯。

5. 实验中，注意流过线圈 N_1 的电流不得超过 1.4A，流过线圈 N_2 的电流不得超过 1A。

思考题与实训题

1. 测量升压变压器（DG08 - 1）的一、二次绕组同名端。

2. 测量三相异步电动机三相绕组的同名端。

实训 4　变压器的连接与测试

实训目的

1. 了解变压器的工作原理；

2. 熟悉变压器的连接与测试。

实训原理及装置

1. 变压器基本原理

变压器是用来变换交流电压、电流和阻抗的设备，其原理结构图如图 2 - 4 - 1 所示。

图中一次绕组和二次绕组之间电压与电流的关系为

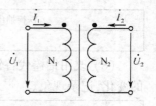

$$\frac{U_1}{U_2} = \frac{I_2}{I_1} \approx \frac{N_1}{N_2} = k$$

其中,k 为变压器的变比,根据同名端可知,$\dot{U}_1$ 与 $\dot{U}_2$ 同相。

图 2-4-1 双绕组
变压器原理结构

2. 变压器的连接

一个变压器都有一个一次绕组和一个或多个二次绕组,通过改变绕组之间的连接,可以得到不同的电压变比和输出电流。

在将一个变压器的各个绕组进行串、并联使用时,应注意以下几个问题:

(1)两个或多个次级绕组,均可正向或反向串联,但串联后绕组允许流过的电流应不大于其中最小的额定电流值。

(2)两个或多个输出电压相同的绕组,可同相并联使用。并联后的负载电流可增加到并联前各绕组的额定电流之和,但不允许反相并联使用。

(3)输出电压不相同的绕组,绝对不允许并联使用。

(4)变压器的各绕组之间的串、并联都为临时性或应急性使用。

实训器材

序号	名 称	型号与规格	数量	备注
1	万用表		1	
2	实验变压器	220V/8.2V/0.5A,8.2V/0.5A	1	DG08-1
3	强电双端护套线		若干	

实训内容及步骤

1. 交流法判别变压器各绕组的同名端

(1)将挂箱 DG08-1 挂在实验台上,接好相应的电源和信号线。

(2)确定"三相调压输出"旋钮逆时针旋到底,"电源总开关"关闭。

(3)根据图 2-3-1 接线,其实物接线如图 2-4-2(a)所示。

(4)开启"电源总开关",将"电压指示切换开关"切换到"三相调压输出",按下"启动"按钮,调节"三相可调输出"旋钮并观察电压表指示,直到电压读数为 200V。

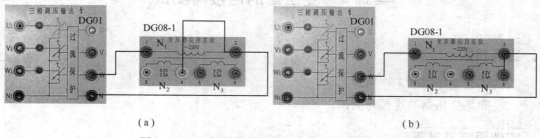

(a)   (b)

图 2-4-2 判别变压器各绕组同名端实物接线图

(5)用万用表分别测量交流端电压 U_{13}、U_{12} 和 U_{34},记入下表并判定绕组 N_1 和 N_2 同名端。

40

U_{13}/V	U_{12}/V	U_{34}/V	同名端

（6）保持"三相可调"旋钮位置不变，按下"停止"按钮，切断电源。

（7）按照图2-4-2（b）接好线路。

（8）按下"启动"按钮接通电源。

（9）用万用表分别测量交流端电压 U_{15}、U_{12} 和 U_{56}，记入下表并判定绕组 N_1 和 N_3 同名端。

U_{15}/V	U_{12}/V	U_{56}/V	同名端

（10）将"三相可调"旋钮逆时针旋到底，按下"停止"按钮，将"电压指示切换开关"切换到"三相电网输入"，关断"电源总开关"。

2. 变压器连接测试1

（1）将挂箱DG08-1挂在实验台上，接好相应的电源和信号线。

（2）确定"三相调压输出"旋钮逆时针旋到底，"电源总开关"关闭。

（3）将变压器1、2两端接交流 W、N 端，其实物接线参考图2-4-3所示。

（4）开启"电源总开关"，将"电压指示切换开关"切换到"三相调压输出"，按下"启动"按钮，调节三相可调输出旋钮并观察电压表指示，直到电压读数为300V。

（5）用万用表测量三个绕组 N_1、N_2 和 N_3 的输出电压，并记入下表。

N_1 电压 U_{12}/V	N_2 电压 U_{34}/V	N_3 电压 U_{56}/V

（6）将三相可调旋钮逆时针旋到底，按下"停止"按钮，将"电压指示切换开关"切换到"三相调压输出"，关断"电源总开关"，拆除接线。

3. 变压器连接测试2

（1）同变压器连接测试1。

（2）同变压器连接测试1。

（3）将1、3端口连通，2、4两端接交流 W、N 端，其实物接线如图2-4-4所示。

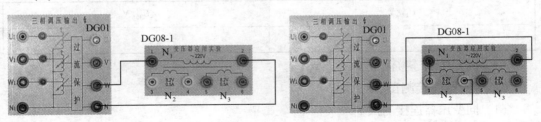

图2-4-3　变压器连接测试1　　　　图2-4-4　变压器连接测试2

（4）同变压器连接测试1。

（5）用万用表测量 2、4 两端电压和 5、6 两端的电压，并记入下表。

U_{24}/V	U_{56}/V

（6）同变压器连接测试 1。

4. 变压器连接测试 3

（1）同变压器连接测试 1。

（2）同变压器连接测试 1。

（3）将 1、4 端口连通，2、3 两端接交流 W、N 端，其实物接线图如图 2－4－5 所示。

（4）同变压器连接测试 1。

（5）用万用表测量 2、3 两端电压和 5、6 两端的电压，并记入下表。

U_{23}/V	U_{56}/V

（6）同变压器连接测试 1。

5. 变压器连接测试 4

（1）同变压器连接测试 1。

（2）同变压器连接测试 1。

（3）将 4、5 端口连通，1、2 两端接交流 W、N 端，其实物接线图如图 2－4－6 所示。

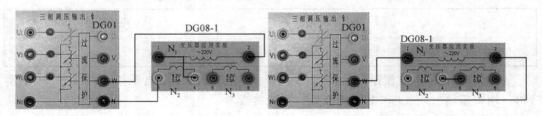

图 2－4－5　变压器连接测试 3　　　　　图 2－4－6　变压器连接测试 4

（4）同变压器连接测试 1。

（5）用万用表测量 1、2 两端电压和 3、6 两端的电压，并记入下表。

U_{12}/V	U_{36}/V

（6）同变压器连接测试 1。

6. 变压器连接测试 5

（1）同变压器连接测试 1。

（2）同变压器连接测试 1。

（3）将 3、5 端口连通，1、2 两端接交流 W、N 端，其实物接线图如图 2－4－7 所示。

（4）同变压器连接测试 1。

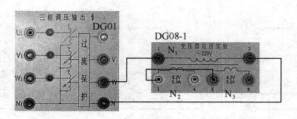

图 2 - 4 - 7　变压器连接测试 5

（5）用万用表测量 1、2 两端电压和 4、6 两端的电压，并记入下表。

U_{12}/V	U_{46}/V

（6）同变压器连接测试 1。

（7）思考题：试用变压器连接测试 1 ~ 5 的测量值判断三个绕组同名端。

注意事项及规范

1. 做每个实验前或实验结束时，确定三相调压输出为零，"电源总开关"断开。

2. 实验接线完成，准备通电时，确定三相调压输出为零，接通"电源总开关"，再按下"启动"按钮。

3. 在实验接线前或线路变动时，必须保证三相调压输出为零，实验台和各挂箱模块断电。

思考题与实训题

二次侧的两个 8.2V 的线圈是否能并联使用？

实训 5　三相交流电路电压、电流及功率测量

实训目的

1. 了解三相交流电路电压、电流及功率测量知识；

2. 熟悉功率表的使用方法；

3. 掌握三相交流电路线值和相值的关系；

4. 掌握用一表法、二表法测量三相有功功率方法。

实训原理及装置

1. 三相交流电路主要供电形式

三相交流发电机三相绕组可以丫连接或△连接，其三相交流电路主要供电形式包括三相四线制供电和三相三线制供电，分别如图 2 - 5 - 1（a）、（b）、（c）所示。三相交流发电机很少采用三角形接法。

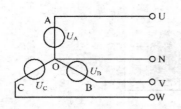 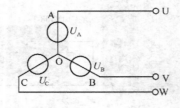 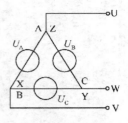

（a）丫连接三相四线制供电　　　（b）丫连接三相三线制供电　　　（c）△连接三相三线制供电

图 2－5－1　三相交流电路供电形式

2. 三相负载的主要连接形式

1）星形（丫）连接

三相负载丫连接时线电压 $U_{线}$、相电压 $U_{相}$ 及线电流 $I_{线}$、相电流 $I_{相}$如图 2－5－2(a)所示。

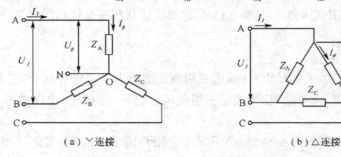

（a）丫连接　　　　　　　　　　（b）△连接

图 2－5－2　三相负载的主要连接形式

负载对称时,其线相值之间的关系为

$$U_{线} = \sqrt{3}U_{相}, I_{线} = I_{相}$$

2）三角形（△）连接

三相负载△连接时线电压 $U_{线}$、相电压 $U_{相}$ 及线电流 $I_{线}$、相电流 $I_{相}$ 如图 2－5－2（b）所示。负载对称时,其线相值之间的关系为

$$U_{线} = U_{相}, I_{线} = \sqrt{3}I_{相}$$

3. 三相交流电路的功率

在三相交流电路中,无论三相负载是丫连接还是△连接,三相负载的功率均等于各相负载功率之和。

三相负载的有功功率为

$$P = P_{U} + P_{V} + P_{W}$$

当负载对称时,每相有功功率相等,三相负载有功功率为

$$P = 3P_{相} = 3U_{相} I_{相} \cos\phi_{相} = \sqrt{3}U_{线} I_{线} \cos\phi_{相}$$

三相对称负载的无功功率为

$$Q = Q_{U} + Q_{V} + Q_{W} = 3U_{相} I_{相} \sin\phi_{相} = \sqrt{3}U_{线} I_{线} \sin\phi_{相}$$

三相对称负载的视在功率为

$$S = S_{U} + S_{V} + S_{W} = 3U_{相} I_{相} = \sqrt{3}U_{线} I_{线} = \sqrt{P^2 + Q^2}$$

其中,$\cos\varphi$ 为功率因数。

44

4. 功率表使用方法

功率表也称为瓦特计,用来测量交流功率。指针式瓦特计与结构示意图如图 2-5-3 所示。

（a）瓦特计实物图

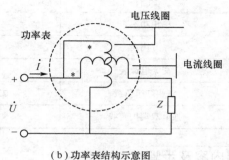

（b）功率表结构示意图

图 2-5-3 功率表

使用时,将电压线圈与所测量的负载并联,将电流线圈与所测量的负载串联,则功率表读数为

$$P = UI\cos\varphi$$

其中,φ 为电压相量 $\dot{U}$ 与电流相量 $\dot{I}$ 的相位差,也称为负载的功率因数角。

有功功率测量接线时,注意将电压线圈和电流线圈的"＊"端连在一起。

5. 三相有功功率的测量方法

1）一表法测量三相有功功率

在三相四线制供电电路中,可用一只功率表测量各相的有功功率 P_A、P_B、P_C,则三相功率之和 $\sum P = P_A + P_B + P_C$ 即为三相负载的总有功功率值。测量原理图如图 2-5-4 所示。

若三相负载是对称的,则只需测量一相的功率 P_A,再乘以 3 即得三相总的有功功率。

2）两表法测量三相有功功率

在三相三线制供电系统中,不论三相负载是否对称,都可用二表法测量三相负载的总有功功率,其测量原理图如图 2-5-5 所示。三相有功功率之和 $\sum P = P_1 + P_2$。

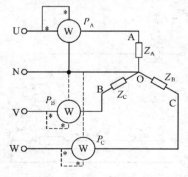

图 2-5-4 一表法或三表法测量
三相有功功率原理图

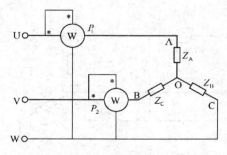

图 2-5-5 两表法测量三相
有功功率原理图

● **实训器材**

序号	名　称	型号与规格	数　量	备注
1	单相功率表		2	D34 – 2
2	万用表		1	
3	交流电流表		1	D35 – 2
4	三相灯组负载	220V/15W,白炽灯	9	DG08 – 1
5	强电双端护套线		若干	

● **实训内容及步骤**

1. 三相负载丫连接电压、电流的测量

三相负载丫连接电压、电流测量原理图如图 2 – 5 – 6 所示。

（1）将挂箱 DG08 – 1、D35 – 2 挂于实验台上,接好相应的电源和信号线。

（2）将"三相可调输出"旋钮旋到零(逆时针旋到底),确定"电源总开关"关断。

（3）按照原理图 2 – 5 – 3 接线,所有 9 个白炽灯均安装好。

（4）开启"电源总开关",将"电压指示切换开关"切换到"三相可调输出"位置,按下"启动"按钮,开启三相灯负载开关 KA1 ~ 3、KB1 ~ 3、KC1 ~ 3。

（5）调节"三相可调输出"旋钮并观察电压表指示,直到电压读数为 200V。

（6）用万用表测量线电压 U_l 和相电压 U_ϕ,观察电流表数值,测量线电流 I_l 和相电流 I_ϕ,记入下表,验证线值和相值之间的关系。

测量项目	线电压 U_l/V	线电流 I_l/A	相电压 U_ϕ/V	相电流 I_ϕ/A
测量数值				

（7）将"三相可调输出"旋钮逆时针旋到底(输出电压为零),关闭 D34 – 2 模块电源开关,关闭 KA1 ~ 3、KB1 ~ 3、KC1 ~ 3,按实验台"停止"按钮,将"电压指示切换开关"切换到"三相电网输入"位置,关闭实验台"电源总开关",拆除接线。

2. 三相负载△连接电压、电流的测量

三相负载△连接电压、电流测量原理图如图 2 – 5 – 7 所示。

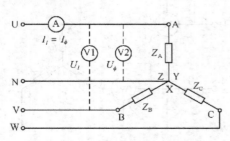

图 2 – 5 – 6　三相负载丫连接电压、
电流测量原理图

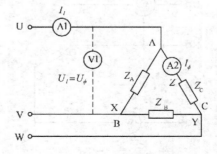

图 2 – 5 – 7　三相负载△连接电压、
电流测量原理图

（1）将挂箱 DG08-1、D35-2 挂于实验台上，接好相应的电源和信号线。

（2）将"三相可调输出"旋钮旋到零（逆时针旋到底），确定"电源总开关"关断。

（3）按照原理图 2-5-7 接线，所有 9 个白炽灯均安装好。

（4）开启"电源总开关"，将"电压指示切换开关"切换到"三相可调输出"，按下"启动"按钮，开启三相灯负载开关 KA1~3、KB1~3、KC1~3。

（5）调节"三相可调输出"旋钮并观察电压表指示，直到电压读数为 150V。

（6）用万用表测量线电压 U_l 和相电压 U_ϕ，观察电流表数值，测量线电流 I_l 和相电流 I_ϕ，记入下表，验证线值和相值之间的关系。

测量项目	线电压 U_l/V	线电流 I_l/A	相电压 U_ϕ/V	相电流 I_ϕ/A
测量数值				

（7）将"三相可调输出"旋钮逆时针旋到底（输出电压为零），关闭 D34-2 模块"电源开关"，关闭 KA1~3、KB1~3、KC1~3，按实验"停止"按钮，将"电压指示切换开关"切换到"三相电网输入"位置，关闭实验台"电源总开关"，拆除接线。

3. 一表法或三表法测量三线四相制线路三相有功功率

（1）将挂箱 D34-2 和 DG08-1 挂于实验台上，接好相应的电源和信号线。

（2）将"三相可调输出"旋钮旋到零（逆时针旋到底），确定"电源总开关"关断。

（3）按照原理图 2-5-4 接线，其实际接线如图 2-5-8 所示，所有 9 个白炽灯均安装好。

（4）开启"电源总开关"，将"电压指示切换开关"切换到"三相可调输出"，按下"启动"按钮，打开 D34-2 模块，开启三相灯负载开关 KA1~3、KB1~3、KC1~3，即每相 3 盏灯。

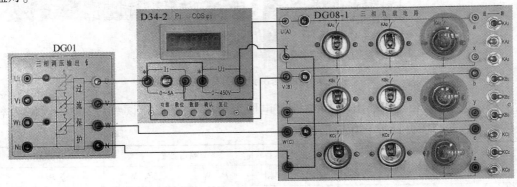

图 2-5-8 一表法测量三相有功功率接线

（5）调节"三相可调输出"旋钮并观察电压表指示，直到电压读数为 300V，读出功率表读数记入表格中并计算三相有功功率值。

负载情况	开灯盏数			测量数据			计算值
	A 相	B 相	C 相	P_A/W	P_B/W	P_C/W	ΣP/W
对称负载	3	3	3				
非对称负载	3	2	1				

（6）将三相负载数目改为非对称负载，参照以上步骤分别测量三个单相功率，计算三相总有功功率。

（7）将"三相可调输出"旋钮逆时针旋到底（输出电压为零），关闭 D34 - 2 模块"电源开关"，关闭 KA1 ~ 3、KB1 ~ 3、KC1 ~ 3，按实验台"停止"按钮，将"电压指示切换开关"切换到"三相电网输入"位置，关闭实验台"电源总开关"，拆除接线。

4. 两表法测量三相三线制线路三相有功功率

（1）将挂箱 D34 - 2 和 DG08 - 1 挂于实验台上，接好相应的电源和信号线。

（2）将"三相可调输出"旋钮旋到零（逆时针旋到底），确定"电源总开关"关断。

（3）按照原理图 2 - 5 - 5 接线，其实际接线如图 2 - 5 - 9 所示，所有 9 个白炽灯均安装好。

（4）开启"电源总开关"，将"电压指示切换开关"切换到"三相可调输出"，按下"启动"按钮，打开 D34 - 2 模块电源，开启三相灯负载开关 KA1 ~ 3、KB1 ~ 3、KC1 ~ 3。

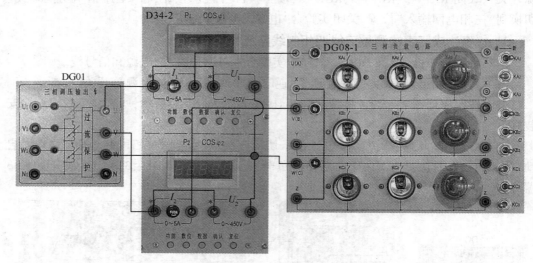

图 2 - 5 - 9　两表法测量三相有功功率接线

（5）调节"三相可调输出"旋钮并观察电压表指示，直到电压读数为 300V，读出功率表读数记入表格中并计算三相有功功率值。

负载情况	开灯盏数			测量数据		计算值
	A 相	B 相	C 相	P_1/W	P_2/W	$\sum P$/W
对称负载	3	3	3			
非对称负载 （功率表在 U、V 相）	3	2	1			
非对称负载 （功率表在 U、W 相）	3	2	1			
非对称负载 （功率表在 V、W 相）	3	2	1			

（6）将三相负载数目改为非对称负载，参照以上步骤测量功率，计算三相总有功功率。

（7）将三相负载数目改为非对称负载，将两个功率表电流线圈串接在 U 和 W 相上，参照以上步骤测量功率，计算三相总有功功率。比较前后两种功率表放置方式的测量结果。

（8）将三相负载数目改为非对称负载，将两个功率表电流线圈串接在 V 和 W 相上，参照以上步骤测量功率，计算三相总有功功率。比较前后两种功率表放置方式的测量结果。

（9）将"三相可调输出"旋钮逆时针旋到底（输出电压为零），关闭 D34 - 2 模块"电源开关"，关闭 KA1 ~ 3、KB1 ~ 3、KC1 ~ 3，按实验台"停止"按钮，将"电压指示切换开关"切换到"三相电网输入"位置，关闭实验台电源总开关，拆除接线。

注意事项及规范

1. 实验前或实验结束时，确定各挂箱模块电源关断，负载开关关断，三相调压输出为零，"电源总开关"断开。

2. 实验接线完成，准备通电时，确定三相调压输出为零，接通"电源总开关"，再按"启动"按钮，最后接通模块电源和负载开关。

3. 在实验接线前或线路变动时，必须保证实验台和各挂箱模块断电。

4. 有功功率测量功率表接线时，确定两个" * "端相连。

思考题与实训题

1. 将三相负载接为丫。连接，三相四线制供电，测量三相负载不对称时的线值和相值。

2. 将三相负载接为丫连接，三相三线制供电，测量三相负载不对称时的线值和相值。

3. 将三相负载接为△连接，三相三线制供电，测量三相负载不对称时的线值和相值。

4. 使用功率表测量三相对称负载时的三相总无功功率。

实训 6　三相鼠笼异步电动机

实训目的

1. 熟悉三相鼠笼式异步电动机的结构和额定值；

2. 熟悉三相异步电动机定子绕组首、末端的判别方法；

3. 掌握三相鼠笼式异步电动机的启动。

实训原理及装置

1. 三相鼠笼式异步电动机的结构和铭牌

三相鼠笼式异步电动机是基于电磁感应原理把交流电能转换为机械能的一种旋转电

动机,如图2-6-1所示。

三相鼠笼式异步电动机的基本结构有定子和转子两大部分。三相定子绕组一般有6根引出线,出线端装在机座外,如图2-6-2所示。三相定子绕组可以接成丫或△再与三相交流电源相连。

转子绕组结构如图2-6-3所示,其形状如鼠笼。

  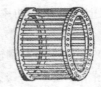

图2-6-1　三相鼠笼式　　　　图2-6-2　三相定子　　　　图2-6-3　鼠笼式
异步电动机图　　　　　　绕组接线盒　　　　　　　转子绕组

三相鼠笼式异步电动机的额定值标记在电动机的铭牌上,本实训所用三相鼠笼式异步电动机的铭牌如图2-6-4所示。

三 相 鼠 笼 式 异 步 电 动 机							
型　　号	WDJ26	电压U_N(V)	380	接　法	△	转速n(r/min)	1430
功率P_N(W)	40	电流I_N(A)	0.2	频率f(Hz)	50	绝缘等级	E

图2-6-4　WDJ26鼠笼式异步电动机铭牌

其中,"电压"是指额定运行情况下,定子三相绕组应加的电源线电压值。当额定电压为380V时,定子三相绕组应为△连接,定子额定电流为0.2A。

2. 三相鼠笼式异步电动机定子绕组首、末端的判别

异步电动机三相定子绕组的6个出线端有三个首端和三相末端。一般,首端标以A、B、C,末端标以X、Y、Z。由于某种原因定子绕组六个出线端标记无法辨认,可以通过实验方法来判别其首、末端(即同名端),方法如下:

(1)用万用电表欧姆挡确定哪一对端子属于同一相绕组的,分别找出三相绕组,并任意标以符号,如A、X;B、Y;C、Z。

(2)将其中的任意两相绕组串联,并加以交流电压U_1,如图2-6-5所示。

(3)测量第三相绕组电压U_2,若$U_2 \neq 0$,则两相绕组首端与末端相连,如图2-6-5(a)所示;若$U_2 = 0$,则两相绕组首端(或尾端)相连,如图2-6-5(b)所示。

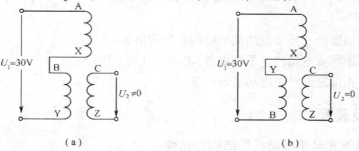

　　　　　（a）　　　　　　　　　　　　　　　（b）

图2-6-5　定子绕组首、末端判别电路1

50

3. 三相鼠笼式异步电动机的启动

鼠笼式异步电动机直接启动电流可达额定电流的 4~7 倍,对容量较大的电动机来说,过大的启动电流会导致电网电压的下降而影响其他的负载正常运行。因此,小容量的电动机可以直接启动,大容量的电动机通常采用降压启动。最常用的是丫 – △ 换接启动,它可使启动电流减小到直接启动的 1/3,其使用的条件是正常运行必须为 △连法。

● 实训器材

序号	名　称	型号与规格	数　量	备注
1	三相鼠笼式异步电动机	WDJ26	1	
2	交流电流表	0~5A	1	D35 – 2
3	万用表		1	
4	强电双端护套线		若干	

● 实训内容及步骤

1. 用万用表验证定子绕组的首、末端

(1) 确定"三相调压输出"旋钮逆时针旋到底,"电源总开关"关断。

(2) 根据图 2 – 6 – 5(a)接线,其实物接线如图 2 – 6 – 6 所示。

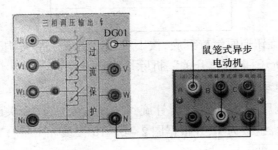

图 2 – 6 – 6　验证定子绕组首、末端接线 1(实物接线图)

(3) 开启"电源总开关",将"电压指示切换开关"切换到"三相调压输出",按下"启动"按钮,调节三相可调输出旋钮并观察电压表指示,直到电压读数为 30V。

(4) 用万用表测量电压 U_{AY} 和 C 相绕组的电压 U_{CZ},记入下表并说明验证结论。

U_{AY}/V	U_{CZ}/V	验证结论

(5) 按下"停止"按钮,切断电源。

(6) 根据图 2 – 6 – 7 接线,其实物接线图如图 2 – 6 – 8 所示。

(7) 按下"启动"按钮,用万用表测量电压 U_{AC} 和 B 相绕组的电压 U_{BY},记入下表并说明验证结论。

U_{AC}/V	U_{BY}/V	验证结论

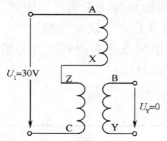

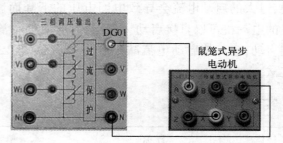

图2-6-7 定子绕组首、末端判别接线　　图2-6-8 验证定子绕组首、末端接线2实物连接图

（8）将三相可调旋钮逆时针旋到底，将"电压指示切换开关"切换到"三相电网输入"，按下"停止"按钮，断开"电源总开关"，拆除接线。

2. 鼠笼式异步电动机的直接启动

（1）确定"三相调压输出"逆时针旋到底，"电源总开关"关断。

（2）将定子三相绕组为△连接，并根据图2-6-9接线。

（3）开启"电源总开关"，将"电压指示切换开关"切换到"三相调压输出"，按下"启动"按钮，调节"三相可调输出"旋钮并观察电压表指示，直到电压读数为380V。

（4）记录电动机空载电流。

空载电流 $I_{0\triangle}/A$

（5）将三相可调旋钮逆时针旋到底，按下"停止"按钮，将"电压指示切换开关"切换到"三相电网输入"，断开"电源总开关"，拆除接线。

3. 鼠笼式异步电动机的丫接启动

（1）确定"三相调压输出"旋钮逆时针旋到底，"电源总开关"关断。

（2）将定子三相绕组接为丫，并根据图2-6-10接线。

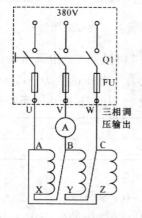

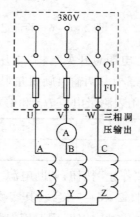

图2-6-9 鼠笼式异步　　　　图2-6-10 鼠笼式异步电动机
电动机直接启动原理图　　　　丫连接启动原理图

52

（3）开启"电源总开关"，将"电压指示切换开关"切换到"三相调压输出"位置，按下"启动"按钮，调节"三相可调输出旋钮"并观察电压表指示，直到电压读数为380V。

（4）记录电动机空载电流。

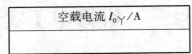

空载电流 I_{0Y}/A

（5）将"三相可调旋钮"逆时针旋到底，按下"停止"按钮，将"电压指示切换开关"切换到"三相电网输入"位置，断开"电源总开关"，拆除接线。

（6）思考题：试分析 $I_{0\triangle}$ 和 I_{0Y} 的关系。

4. 鼠笼式异步电动机的正反转

（1）确定"三相调压输出"旋钮逆时针旋到底，"电源总开关"关断。

（2）将定子三相绕组接为Y或△。

（3）采用适当方法完成电动机的正反转，请指导老师检查。

注意事项及规范

1. 实验前或实验结束时，确定三相调压输出为零，"电源总开关"断开。

2. 实验接线完成，准备通电时，接通"电源总开关"，再按"启动"按钮。

3. 在实验接线前或线路变动时，必须保证实验台断电。

4. 电动机在运转时，电压和转速均很高，切勿触碰导电和转动部分，以免发生人身和设备事故。

5. 启动电流持续时间很短，且只能在接通电源的瞬间读取电流表指针偏转的最大读数，（因指针偏转的惯性，此读数与实际的启动电流数据略有误差），如错过这一瞬间，须将电机停车，待停稳后，重新启动读取数据。

思考题与实训题

1. 说明三相异步电动机定子绕组Y连接和△连接时空载电流为何有以上分析的关系？

2. 如何使电动机正反转运行，说明原因。

3. 电动机铭牌为"380V，Y连接"时，电动机能否接成△，加380V电压运行？

项目三　维修电工实训

实训 1　电工实训认识

● 实训目的

1. 介绍电工实训内容；
2. 熟悉 THPDG – 1 型电工技能实训考核装置；
3. 熟悉实训装置基本操作安全知识与规范；
4. 了解关于常用电气元件的相关知识；
5. 熟悉常用电工工具的作用及使用方法。

● 实训原理及装置

1. 认识 THPDG – 1 型电工技能实训考核装置

THPDG – 1 型电工技能实训装置如图 3 – 1 – 1 所示,主要包括实训台电源模块区,测量仪表区,挂箱区,实训台底座区。

图 3 – 1 – 1　THPDG – 1 型电工技能实训装置

1）实训台电源模块

实训台电源模块区提供三相交流电源、直流电动机电源和可调直流电压源与电流源,如图 3 – 1 – 2 所示。

（1）实训台总电源由实验台侧面的"自动空气开关"（图 3 – 1 – 3）,"电源总开关"和"启动"、"停止"按钮控制。接通电源时,先确定红色"急停"按钮顺时针旋起,接着开启

54

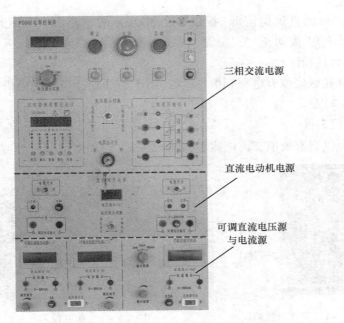

图 3 - 1 - 2　实训台电源模块

"自动空气开关","电源总开关",再按"启动"按钮;断开电源时,先按"停止"按钮,再断开"电源总开关"和"自动空气开关"。遇有紧急情况需要切断电源时,按下"急停"按钮。

（2）数字"电压显示"（称为数显电压表）用来指示"电网电压输入"或"三相调压输出"电压"U_{AB}"、"U_{BC}"和"U_{CA}"。指示切换由实验台上两个"电压指示切换"开关控制。

（3）"三相调压输出"输出电压由实验台侧面的三相调压器旋钮进行调节,如图 3 - 1 - 3所示。

（4）装有 3 只 8A 绿色带灯熔断器,当熔断器熔断时,就会发光。

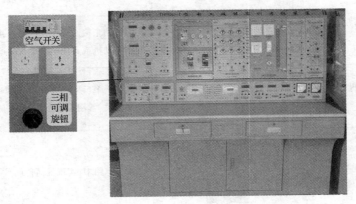

图 3 - 1 - 3　空气开关和三相调压器旋钮

（5）"定时器兼报警记录仪"用来设定考核用时和记录装置故障次数。

（6）"直流操作电源"用来提供实训项目中直流电动机需要的直流励磁电源和直流电枢电源。不用时,请将"电源开关"拨动到"关"。

（7）"可调直流稳压电源图（一）"和"可调直流稳压电源（二）"提供两个 30V/1A 的

可调稳压源,"可调直流恒流源"提供一个 500mA 的电流源。不用时,请将"电压源开关"、"电流源开关"拨动到"关"位置。

2)实训台挂箱区

实训台挂箱区底部有电源和信号接口,用于给部分挂箱模块提供电源和信号交换通道(图 3-1-4)。

3)测量仪表区

实训台提供真有效值交流电流表,如图 3-1-5 所示。

图 3-1-4　实训台挂箱区　　　　图 3-1-5　测量仪表

2. 常用的电气元件

常用的电气元件如表 3-1-1 所列。

表 3-1-1　常用电气元件及其功能

电气元件名称	元件图示	功　能
自动空气开关(低压断路器 QF)		用于接通或断开交流电路,可实现短路、过载和失压保护
按钮(SB)		通常用来接通或断开控制电路(电流很小),从而控制电动机或其他电气设备的运行
单极开关(双极开关 K/S)		具有一个(两个)常闭触点和一个(两个)常开触点的开关,常用来通断 8~10A 的交流电流
低压熔断器(FU)		接于电路中,实现最简便而且有效的短路保护
交流接触器(KM)		常用来接通和断开电动机或其他设备的主电路

56

电气元件名称	元件图示	功　　能
热继电器（FR）	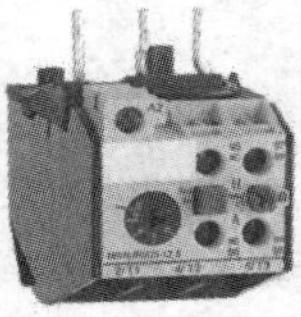	利用过载电流通过热元件,产生的热量使双金属片弯曲,以致常闭触点断开,控制系统断电,起到过载保护的作用。主要用来对异步电动机进行过载保护
时间继电器（KT）		用来进行时间延时控制的继电器

3. 常用的电工工具

常用的电工工具如表 3 - 1 - 2 所列。

表 3 - 1 - 2　常用电工工具及其功能

名称	图示	功能及使用注意事项
低压验电器（试电笔）	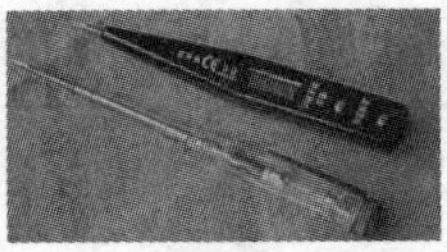	用于检验低压导体和电气设备是否带电,其检验范围为 60 ~ 500V。可以用来区分相线和零线、交流电和直流电,以及电压的高低
电工胶布		用于交流 380V 以下电线接头的绝缘包扎
电工刀	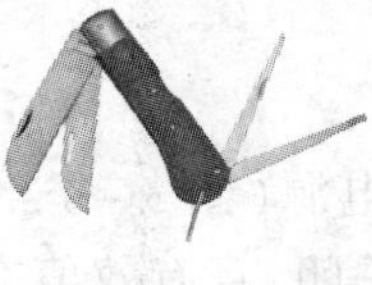	用来刨削或切削电工材料,多用电工刀除具有刀片外,还有折叠式的锯片、锥针和螺丝刀
断线钳（斜口钳）		专用于剪断较粗的金属丝、线材和电线、电缆等
剥线钳	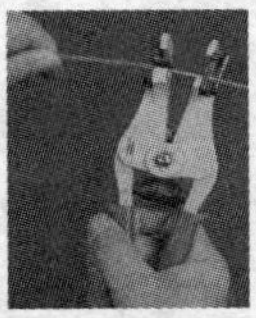	用于剥削直径 3mm 以下的塑料或橡胶绝缘导线的绝缘层
压线钳	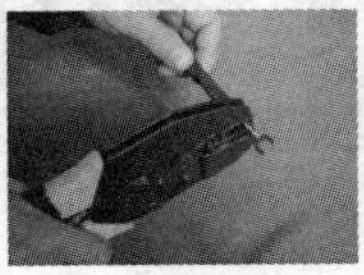	压线钳用于连接导线。将要连接的导线穿入压接管中或接线片的端孔中,然后用压线钳挤压压接管或接线片端孔使其变扁,将导线夹紧,达到连接的目的

名称	图示	功能及使用注意事项
一字形螺丝刀		螺丝刀头部形状和尺寸与螺丝钉尾部槽形和大小相匹配，用以拧紧或拧松螺丝钉
十字形螺丝刀		
绝缘导线（电气控制用导线）		外有绝缘层，线径较细，适合室内或电器柜内布线用，使用电压在 1kV 及以下者较多

实训器材

序号	名 称	型号与规格	数 量	备注
1	电工技能实训装置	THPDG－1 型	1	
4	万用表	MF 47	1	
3	低压验电器(试电笔)		1	
5	斜口钳		1	
6	剥线钳		1	
6	尖嘴钳		1	
7	一字螺丝刀		1	
8	绝缘导线		若干	

实训内容及步骤

注意：工作台加电之前，请将工作台"直流操作电源(图 3 - 1 - 6)"、"可调直流稳压电源(图 3 - 1 - 7)"、"可调直流恒流源"电源开关关闭，真有效值交流电流表(一)(二)(图 3 - 1 - 8)量程为 20A，请缓慢调节三相调压器旋钮。

图 3 - 1 - 6 直流操作电源

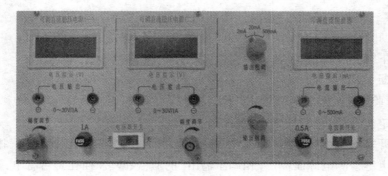

图 3 - 1 - 7　可调直流稳压电源(一)(二)

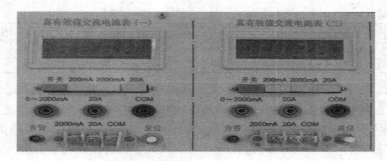

图 3 - 1 - 8　真有效值交流电流表(一)(二)

1. THPDG - 1 型电工技能实训考核装置使用前的准备

(1)"自动空气开关"处于关断位置,"电源总开关"旋到"开"位置。

(2)"电压指示切换"开关处于"电网电压输入"位置。

(3)"直流操作电源"、"可调直流电压源"和"可调直流恒流源"的开关处于关断位置。

(4)三相调压器输出为零(旋钮逆时针旋到底)。

2. 启动控制屏电源模块

(1)检查确定"三相调压器旋钮"是否逆时针旋到底。

(2)将"自动空气开关"接通,按下"启动"按钮。

(3)观察数显电压表,记录三个线电压读数,记入下表。

电压表指示	U_{UV}/V	U_{VW}/V	U_{WU}/V
读数			

(4)将"电压指示切换开关"切换到"三相调压输出"位置,调节"三相调压器"旋钮,观察 3 只交流电压表读数,依次记录 4 组电压数据。

电压表指示	U_{UV}/V	U_{VW}/V	U_{WU}/V
旋钮位置1			
旋钮位置2			
旋钮位置3			
旋钮位置4			

（5）将"三相调压器旋钮"逆时针旋到底。

（6）将"电压指示切换开关"切换到"电网电压输人"位置。

（7）按下"停止"按钮。

（8）关断"自动空气开关"。

3. 低压验电器(试电笔)使用实验

（1）确定实训台"自动空气开关"关断。

（2）打开实训台"自动空气开关"，将"电压指示切换开关"切换到"三相调压输出"位置。用验电笔检测电源面板"三相调压输出"的 U、V、W、N 插孔是否有电，记入下表。

三相调压输出插孔名称	U	V	W	N
带电状态				

（3）按下"启动"按钮,用验电笔检测电源面板"三相调压输出"的 U、V、W、N 插孔是否有电,记入下表。

三相调压输出插孔名称	U	V	W	N
带电状态				

（4）调节"三相调压器旋钮"，电压表显示从零开始上升,用验电笔检测电源面板"三相调压输出"的 U、V、W、N 插孔是否有电。观察数显电压表和验电笔指示,记录下验电笔最初检测到 U、V、W 插孔有电时,对应的数显电压表指示值为＿＿V。当数显电压表指示380V 时,将检测结果记入下表。

三相调压输出插孔名称	U	V	W	N
带电状态				

（5）将"三相调压器旋钮"逆时针旋到底。

（6）按下"停止"按钮,关断"自动空气开关"。

4. 绝缘导线连接实训

在 PDG18 模块的单极双路开关(一)和(二)(图 3 - 1 - 9)的两个"COM"端子之间进行绝缘导线的连接。

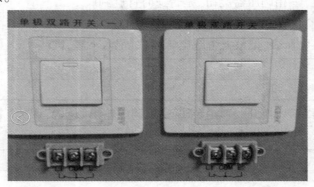

图 3 - 1 - 9　单极双路开关(一)(二)

（1）确认实训台"自动空气开关"关断。

（2）根据两个"COM"端子的距离用斜口钳剪取适当长度绝缘导线。

（3）用剥线钳将导线两端的绝缘层剥去。

（4）用一字螺丝刀将两个"COM"端口螺丝钉拧松。

（5）将导线两端金属导体嵌入螺丝钉下的垫片,然后用一字螺丝刀将螺丝钉拧紧,从而固定导线。

（6）小组成员自行检查导线是否有松动,是否裸露的金属部分太长,请指导教师检查。

（7）用一字螺丝刀将螺丝钉拧松,取下导线,再将螺丝钉拧紧。

注意事项及规范

1. 实验前或实验结束时,请先关闭各挂箱模块电源开关,各负载电阻调到最大,再将"三相调压输出旋钮"调到零位置(三相调压器旋钮逆时针旋到底),最后按"停止"按钮,并将"自动空气开关"断开。

2. 实验接线完成,准备通电时,先将"三相调压输出旋钮"调到零位置,然后接通"自动空气开关",再按"启动"按钮。

3. 在实验接线前或线路变动时,必须保证实验台和各挂箱模块断电,或先按照"1"的正确顺序切断实验台电源。

4. 接线时,尤其是各种仪表接线时,一定要注意区分交流回路和直流回路、电压回路和电流回路。

5. 实验操作结束,断电,并拆卸导线,将工具收入工具箱上层,导线收入工具箱下层,整理现场卫生。请勿将线头放入工具箱。

实训 2　晶闸管应用实训

实训目的

1. 熟悉晶闸管单相半控桥式整流电路和单结晶体管触发电路的工作原理和检查安装调试技术要求与注意事项;

2. 掌握单结晶体管触发电路调试的方法、步骤;

3. 熟悉各种元器件的工作特性。

实训原理及装置

1. 晶闸管单相半控桥式整流电路的工作原理

图 3 – 2 – 1 为单结管触发晶闸管单相半控桥式整流电路,该电路可实现调光功能。其中 TS 为同步变压器,为触发信号提供同步电压;VT1 为单结管,用来触发晶闸管;VD1 ~ VD4 为单相桥式整流电路,给电容 C 充电,待充满电后,单结管 VT1 导通,产生与晶闸管整流电路所加交流电源同步的触发脉冲,使晶闸管 VT2、VT3 导通,产生直流电压,从而灯泡被点亮。

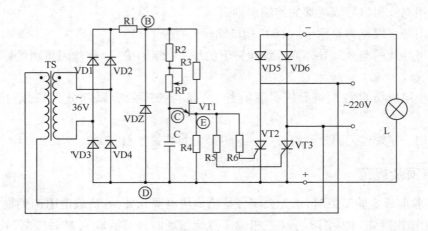

图 3 - 2 - 1　单结管触发晶闸管单相半控桥式整流电路

2. 深入理解晶闸管触发电路的形式及原理

图 3 - 2 - 2 为晶闸管定时关灯电路,晶闸管定时关灯电路是利用三极管的通断来控制晶闸管的门极,从而控制晶闸管的导通,让交流侧的灯泡得电。按下红色按钮,电容 C 被短接放电,三极管关断,晶闸管的门极得电压,则晶闸管导通,灯泡得电,亮。随着电容充电的完成,三极管导通,使晶闸管的门极接地,晶闸管关断,灯泡失电,熄。所以,灯泡点亮的时间是由电容 C 和它的充电回路决定的。调节 RP 的大小,从而确定了定时关灯的时间了。电路中的发光二极管 VD 是指示电源的。

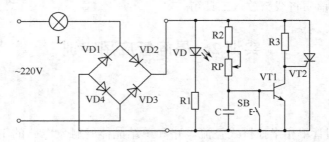

图 3 - 2 - 2　晶闸管定时关灯电路

● 实训器材

序号	名　称	型号与规格	数量	备注
1	电工技能实训装置	THPDG - 1 型	1	
2	常用晶闸管电路	PDG13	1	
3	三相负载箱	PDG14	1	
4	示波器	TDS1001B - SC	1	泰克
5	连接线		若干	

实训内容及步骤

1. 晶闸管单相半控桥式整流电路

1）观察触发电路波形

用双踪示波器公共地接稳压管正极端（D 点 公共地），一个探头接 B 点，另一个接电容 C 的正极端 C 点，观察稳压管两端电压波形 u_{BD} 和电容两端电压波形 u_{CD}，可得如图 3 - 2 - 3 波形。电阻 R4 两端的电压波形 u_{ED} 是与电容锯齿波的放电时刻对应的放电脉冲，用来提供晶闸管的触发电流脉冲。基于晶闸管的半控导电特性，只有第一个放电窄脉冲起作用。

2）观察电路移相范围

通过调节电位器 RP，观察电容器两端锯齿波电压波形 u_{CD} 和电阻 R4 两端脉冲电压波形 u_{ED} 的变化。画出它们不同阻值下的波形，得出此电路的移相范围。

3）观察整流输出波形

按图 3 - 2 - 1 接线，在带负载的情况下，用示波器观测半控整流桥输出电压的波形，波形图如图 3 - 2 - 4 所示，调节电位器 RP 观察整流输出波形的变化及负载灯泡亮暗的变化。

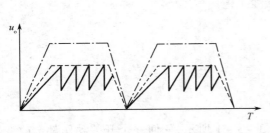

图 3 - 2 - 3　电容 C 波形图

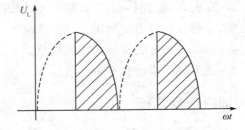

图 3 - 2 - 4　半控整流桥输出电压波形图

2. 晶闸管定时关灯电路

（1）按照图 3 - 2 - 5 接线，对定时关灯电路进行检测调试。接完线后，加上交流 220V 电压，这时发光二极管应该亮，按下红色按钮，灯泡立即亮，可用示波器观察电容两

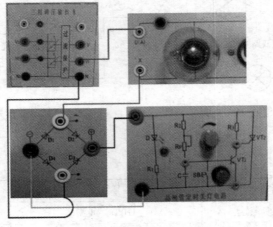

图 3 - 2 - 5　定时关灯电路实物接线图

端的电压波形,可知其电压幅值在慢慢增加,当增到三极管的导通电压后,三极管导幅值通,其幅值不变了。灯也熄灭了。

（2）调节电位器 RP,按红色按钮,观察灯泡延时熄灭时间的变化情况。根据 PDG13 面板上电路原理图分析原因。

注意事项及规范

1. 实验前或实验结束时,确定各模块电源断开。
2. 按照实训步骤完成实训内容。
3. 实验结束注意清理试验台。

实训3　照明电路安装实训

实训目的

1. 熟悉两地控制一盏灯的原理;
2. 掌握两地控制一盏灯电路的安装和接线工艺;
3. 了解日光灯电路结构及其工作原理;
4. 掌握日光灯的安装和接线规范;
5. 熟悉电工接线的工艺要求。

实训原理及装置

（1）两地控制一盏灯的电路原理图如图 3-3-1 所示,任何一个开关动作都会改变灯泡状态。

（2）日光灯接线原理图如图 3-3-2 所示。

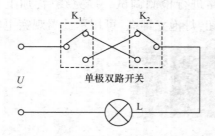

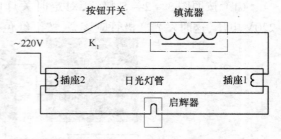

图 3-3-1　两地控制一盏灯电路原理图　　　　图 3-3-2　日光灯接线原理图

实训器材

序号	名　称	型号与规格	数　量	备注
1	电工技能实训装置	THPDG-1 型	1	
2	日光灯控制模块	PDG18	1	

序号	名　称	型号与规格	数　量	备注
3	三相负载箱	PDG14	1	
4	万用表	MF 47	1	
5	斜口钳		1	
6	剥线钳		1	
7	尖嘴钳		1	
8	一字螺丝刀		1	
9	绝缘导线		若干	
10	一端护套座一端鱼叉导线		若干	
11	双端护套座导线		若干	

▮ 实训内容及步骤

1. 两地控制一盏灯的安装与调试

（1）将挂箱模块 PDG14 和 PDG18 挂在实训台上，PDG14 排在 PDG18 左侧。

（2）将"三相调压输出"旋钮旋到零值（逆时针旋到底），确定"自动空气开关"关闭。

（3）根据原理图 3 – 3 – 1 进行布线设计，其实物接线如图 3 – 3 – 3 所示。

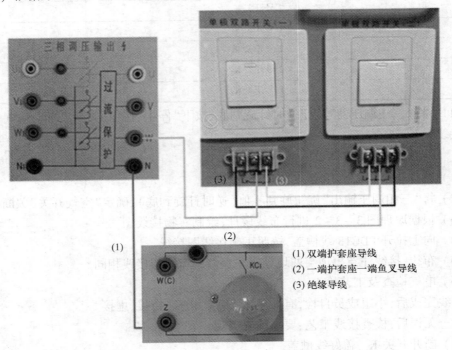

（1）双端护套座导线
（2）一端护套座一端鱼叉导线
（3）绝缘导线

图 3 – 3 – 3　两地控制一盏灯实物接线图

（4）向上拉开 PDG18 线槽盖，按照正确接线图接线。

（5）布线。先处理好硬导线，将导线拉直。遵循从上到下，由左到右，先串联后并联，横平竖直，转弯成直角，少交叉，多根线并拢平行走，"左零右火"的原则进行布线。布线时零线和火线要用不同颜色导线,红线接火线,黑线接零线;三相分别用黄、绿、红三色线分开。

（6）接线。接线时要注意安全,不要在带电情况下接线,以防发生危险。不要私自拆下元器件,以防损坏。

按接线图进行接线。先用一字螺丝刀将接线端子的螺丝钉拧松 4~4.5 圈,最多不能超过 5 圈,否则螺丝钉会掉下。用剥线钳将导线两端的绝缘层剥去,不要剥太长,13mm 即可。将导线端金属导体嵌入螺丝钉下的垫片,用一字螺丝刀将螺丝钉拧紧。不要反圈,螺丝钉不要拧太紧,用手用力拉一下,线头压紧即可。

（7）电气检查及工艺检查。

接线完成后,小组成员自检,有无漏接,多接,错接,搭接,虚接。

检查无误后,检查接线工艺,要求整齐美观。

（8）盖好线槽盖。

（9）将"电压指示切换开关"切换到"三相调压输出"位置,开启"自动空气开关",按下"启动"按钮,调节三相调压器旋钮,观察数字显示约为380V。

（10）按照下表顺序启动开关,记录观察结果。

动作顺序	动 作 开 关	灯泡状态
1	1 号开关 K₁	
2	2 号开关 K₂	
3	1 号开关 K₁	
4	2 号开关 K₂	
5	2 号开关 K₂	
6	1 号开关 K₁	

（11）将"三相调压器"旋钮逆时针旋到底,按下"停止"按钮,关断"自动空气开关",拆除接线。

2. 日光灯的安装与调试

（1）将挂箱模块 PDG18 挂在实训台上。

（2）将"三相调压输出"旋钮旋到零值(逆时针旋到底),确定"空气开关"关断。

（3）根据原理图 3-3-2 进行布线设计,绘制实物接线图。

（4）向上拉开 PDG18 线槽盖,按照正确接线图接线。

（5）布线、接线注意事项与两地控制一盏灯的布线与接线相同。

（6）电气检查及工艺检查。

接线完成后,小组成员自检,有无漏接,多接,错接,搭接,虚接。

检查无误后,检查接线工艺,要求整齐美观。

（7）断开开关 K₁,盖好线槽盖。

（8）确认日光灯可靠安装。

（9）开启"自动空气开关",将"电压指示切换开关"切换到"三相调压输出"位置,按下"启动"按钮,调节三相调压器旋钮,观察数字显示约为380V。

（10）按照下表顺序启动开关,记录观察结果。

动作顺序	动作开关	日光灯状态
1	开关接通	
2	开关断开	
3	开关接通	
4	开关断开	

（11）将"三相调压器"旋钮逆时针旋到底,按"停止"按钮,关断"自动空气开关",拆线。

注意事项及规范

1. 实验前或实验结束时,确定"三相调压输出"为零,"自动空气开关"断开。
2. 按照实训步骤完成实训内容。
3. 布线要求横平竖直、少交叉;零、火线分色,左零右火。
4. 在布线、实训接线前或线路变动时,必须保证实训台断电,不允许带电操作。
5. 实验操作结束,断电,并拆卸导线,将工具收入工具箱上层,导线收入工具箱下层,整理现场卫生。请勿将线头放入工具箱。

实训 4　单相电度表安装实训

实训目的

1. 了解单相电度表工作原理;
2. 掌握直接式单相有功电能表的安装和接线工艺。

实训原理及装置

1. 单相感应式电度表结构原理

单相电度表是一种计量单相交流电路电能的仪表,其外形如图 3－4－1 所示。

单相感应式电度表是根据交变磁场在金属中产生感应电流,从而产生转矩的基本原理而工作,其原理结构如图 3－4－2 所示。

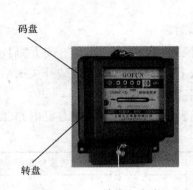

图 3－4－1　单相电度表

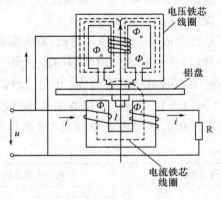

图 3－4－2　单相感应式电度表原理结构

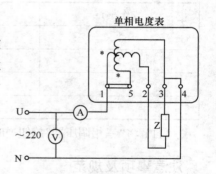

电压铁芯线圈和电流铁芯线圈在空间上、下排列，中间隔以铝制的圆盘。驱动两个铁芯线圈的交流电，建立起合成的特殊分布的交变磁场，并穿过铝盘，在铝盘上产生出感应电流。该电流与磁场的相互作用结果产生转动力矩驱使铝盘转动。铝盘转速与负载功率成正比，随着电能的不断增大（也就是随着时间的延续），其指示器能随时反映出电能积累的总数值。

2. 单相电度表测量单相电能

用单相感应电度表测量单相电能的原理图如图3-4-3所示。

图3-4-3　单相电度表测量单相电能原理图

● 实训器材

序号	名　称	型号与规格	数量	备注
1	电工技能实训装置	THPDG－1型	1	
2	单相有功电能表组件	PDG19	1	
3	三相负载箱	PDG14	1	
4	真有效值交流电流表	PDG01	1	
5	万用表	MF 47	1	
6	双端护套座导线		若干	

● 实训内容及步骤

单相电度表的安装与测试

（1）将挂箱模块PDG19和PDG14挂在实训台上，PDG14排在PDG19右侧。

（2）将"三相调压输出"旋钮旋到零值（逆时针旋到底），确定"空气开关"关断。

（3）根据图3-4-3进行布线设计，绘制实物接线图。

（4）按照正确接线图接线。

（5）接线完成后，小组成员自检，有无漏接，多接，错接。

（6）开启"空气开关"，将"电压指示切换开关"切换到"三相调压输出"，按下"启动"按钮，接通"真有效值交流电流表"开关（量程选用20A挡），开启三相灯负载开关KA1～3、KB1～3、KC1～3。调节"三相调压器"旋钮，观察数字显示约为380V。

（7）用万用表测量电源电压，同时观察交流电流表读数，记录数据，确定电路工作正常。

万用表读数/V	交流电流表读数/A	电路工作状态（正常或异常）

(8) 记录数据(注意单位之间的换算)。

序号	转盘读数/r	用电时间/s	电能观测值/(kW·h)	电能理论值/(kW·h)	相对误差/%
1					
2					
3					
4					
5					

(9) 将"三相调压输出"旋钮旋到零值(逆时针旋到底),关断负载开关 KA1～3、KB1～3、KC1～3,关断"交流电流表(一)",按下"停止"按钮,关断"自动空气开关",拆除接线。

注意事项及规范

1. 实验前或实验结束时,确定各模块电源关闭,三相负载断开,"三相调压输出"为零,"自动空气开关"断开。

2. 按照实训步骤完成实训内容。

实训 5 电动机点动控制电路安装实训

实训目的

1. 熟悉常用电器的结构,了解其规格和用途;

2. 熟悉电工接线的工艺要求;

3. 掌握电动机点动控制电路原理;

4. 掌握电动机点动控制电路的接线与调试技术。

实训原理及装置

1. 观察实际调整机床或快速移动电动机的控制电路

2. 了解电动机点动控制原理

如图 3－5－1 所示,该电路可分成主电路和控制电路两部分。主电路从电源 L1、L2、L3、开关 QS、熔断器 FU、接触器 KM 的主触头到电动机 M。控制电路由按钮 SB 和接触器 KM 的线圈组成。

当合上电源开关 QS 时,电动机是不会启动运转的,因为这时接触器 KM 的线圈未通电,它的主触头处在断开状态,电动机 M 的定子绕组上没有电压。若要使电动机 M 转动,只要按下按钮 SB,使 KM 线圈通电,主电路中的 KM 主触头闭合,电动机 M 即可启动。但当松开按钮 SB 时,线圈 KM 即失电,而使主触头分开,切断电动机 M 的电源,电动机即停转。这种只有当按下按钮电动机才会运转,松开按钮即停转的线路,称为点动控制线路。这种线路常用作快速移动或调整机床。这是一种比较简单的控制电路。

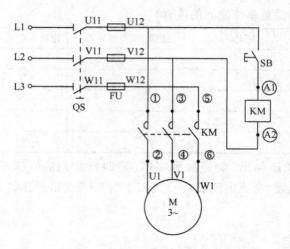

图 3 - 5 - 1　电动机点动控制原理图

实训器材

序号	名　称	型号与规格	数　量	备　注
1	电工技能实训装置	THPDG - 1 型	1	
5	电气控制组件(一)	PDG31	1	
6	电气控制组件(三)	PDG33	1	
7	WDJ26 三相鼠笼异步电机	WDJ26	1	
4	万用表	MF 47	1	
5	斜口钳		1	
6	剥线钳		1	
6	尖嘴钳		1	
7	一字螺丝刀		1	
8	绝缘导线		若干	
9	一端护套座一端鱼叉导线		若干	
10	双端护套座导线		若干	

实训内容及步骤

电动机点动控制安装与调试

（1）将 PDG31、PDG33 按从左到右的顺序挂到 THPDG - 1 实训台挂件区；WDJ26 三相鼠笼异步电动机平稳放置到实训台桌面上(最好垫上一本书)。

（2）将"三相调压输出"旋钮旋到零值(逆时针旋到底)，确定"空气开关"关断。

（3）按原理图 3 - 5 - 1 进行布线设计,绘制实物接线图。

注意:施耐德交流接触器接线端子标记说明。

型号	接线端子对		接线端子对		接线端子对		端子对
LC1－D06	1L1		3L2		5L3		A1
	2T1		4T2		6T3		A2
注释	常开主触点		常开主触点		常开主触点		线圈

（4）向上拉开 PDG31、PDG33 线槽盖,按照正确接线图接线。

（5）布线。先处理好硬导线,将导线拉直。遵循从上到下,由左到右,先串联后并联,横平竖直,转弯成直角,少交叉,多根线并拢平行走,"左零右火"的原则进行布线。

布线时零线和火线要用不同颜色导线,红线接火线,黑线接零线;三相分别用黄、绿、红三色线分开。

（6）接线。接线时要注意安全,不要在带电情况下接线,以防发生危险。不要私自拆下元器件,以防损坏。

按接线图进行接线。先用一字螺丝刀将接线端子的螺丝钉拧松4～4.5圈,最多不能超过5圈,否则螺丝钉会掉下。用剥线钳将导线两端的绝缘层剥去,不要剥太长,13mm即可。将导线端金属导体嵌入螺丝钉下的垫片,用一字螺丝刀将螺丝钉拧紧。不要反圈,螺丝钉不要拧太紧,用手用力拉一下,线头压紧即可。

（7）电气检查及工艺检查。接线完成后,小组成员自检,有无漏接,多接,错接,搭接,虚接。检查无误后,检查接线工艺,要求整齐美观。

（8）盖好线槽盖。

（9）检查与调试。检查接线无误后,开启"自动空气开关",将"电压指示切换开关"切换到"三相调压输出"位置,按下"启动"按钮,调节"三相调压器"旋钮,观察数字显示约为380V。

合上开关 QS,此时电动机不转,按下按钮 SB,电动机即可启动,松开按钮电动机即停转,若电动机不能点动控制或熔丝熔断等故障,则应断开电源,分析排除故障后使之正常工作。

（10）将"三相调压器"旋钮逆时针旋到底,按下"停止"按钮,关断"自动空气开关",拆除接线。

注意事项及规范

1. 实验前或实验结束时,确定各模块电源关闭,确定"三相调压输出"为零,"自动空气开关"断开。

2. 按照实训步骤完成实训内容。

3. 实验线路连接好以后,务必有指导老师检查后再可进行实验操作。

4. 布线要求横平竖直、少交叉;零、火线分色,左零右火。

5. 在布线、实训接线前或线路变动时,必须保证实训台断电,不允许带电操作。

6. 实验操作结束,断电,并拆卸导线,将工具收入工具箱上层,导线收入工具箱下层,整理现场卫生。请勿将线头放入工具箱。

实训6　机床电气维修

✦ 实训目的

1. 熟悉 THPJC – 2 型机床电气技能实训考核鉴定装置;
2. 了解 C6140 普通车床电气控制线路;
3. 学习正确排除 C6140 电气控制线路中的常见故障。

✦ 实训原理及装置

1. 认识 THPJC – 2 型机床电气技能实训考核鉴定装置

THPJC – 2 型机床电气技能实训考核鉴定装置采用标准配电柜为主体柜,每面各设有两种机床控制电路,如图 3 – 6 – 1 所示。装置可以模拟实际机床的电气控制,也可满足机床的电气故障分析及排除故障的训练要求。

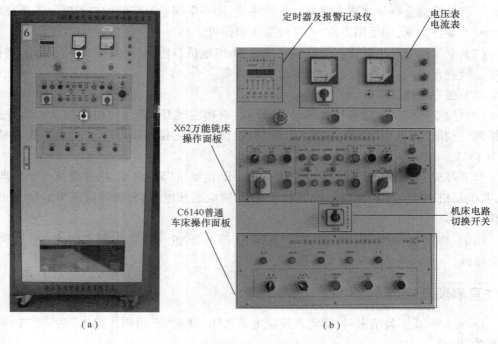

（a）　　　　　　　　　　　　　　　（b）

图 3 – 6 – 1　THPJC – 2 型机床电气技能实训考核鉴定装置

1) 控制柜门(图 3 – 6 – 1)

(1) 通过"启动"、"停止"按钮控制机床电路的三相总电源的通断,当发生紧急事故时,按下"急停"按钮。

(2) 电压表可以指示电网的 U_{UV}、U_{VW}、U_{WU} 线电压值,指示的切换通过"电压指示切换开关"实现;交流电流表用来监视负载大小。

(3) "机床电路切换开关"用于切换不同的机床模拟电路。

（4）定时器兼报警记录仪（服务管理器）可作为时钟,也可自动记录由于操作错误所造成的漏电告警等次数,为学生实验技能的考核提供一个统一的标准。

2）控制柜主体

控制柜主体分两面共 8 个部分,如图 3 - 6 - 2 所示。

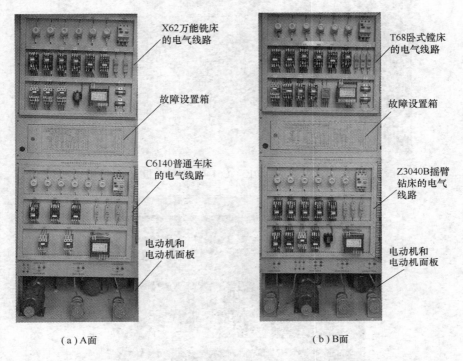

X62万能铣床的电气线路

故障设置箱

C6140普通车床的电气线路

电动机和电动机面板

T68卧式镗床的电气线路

故障设置箱

Z3040B摇臂钻床的电气线路

电动机和电动机面板

（a）A面　　　　　　　　　　　（b）B面

图 3 - 6 - 2　THPJC - 2 型机床电气技能实训考核鉴定装置控制柜主体

2. C6140 普通车床实验装置的基本组成

C6140 普通车床实验装置是 THPJC - 2 型机床电气技能实训考核鉴定装置的一部分,主要由以下 4 个部分组成。

1）PJC - C6140L 铝质面板

图 3 - 6 - 3 为 PJC - C6140L 铝质面板,面板上安装有机床的所有主令电器及动作指示灯,可以进行机床的所有操作,并观察机床的运行状态。

2）PJC - C6140T 铁质面板

图 3 - 6 - 4 为 PJC - C6140T 铁质面板,面板上装有断路器、熔断器、接触器、热继电器、变压器等元器件,可以很直观地观察运行时的动作情况。

3）电动机

图 3 - 6 - 5 为普通车床电动机,三个 380V 三相鼠笼异步电动机,分别用作主轴电动机、进给电动机和冷却泵电动机。

3. C6140 普通车床电气控制线路

C6140 普通车床电气控制线路如图 3 - 6 - 6 所示,其主电路 3 台电机控制原理如下所述。

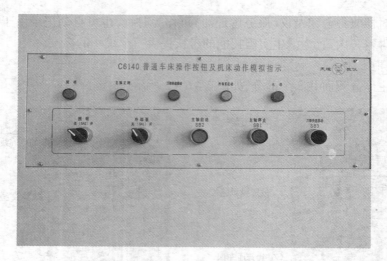

图 3 - 6 - 3　PJC - C6140L 铝质面板

图 3 - 6 - 4　PJC - C6140T 铁质面板

图 3 - 6 - 5　普通车床电动机

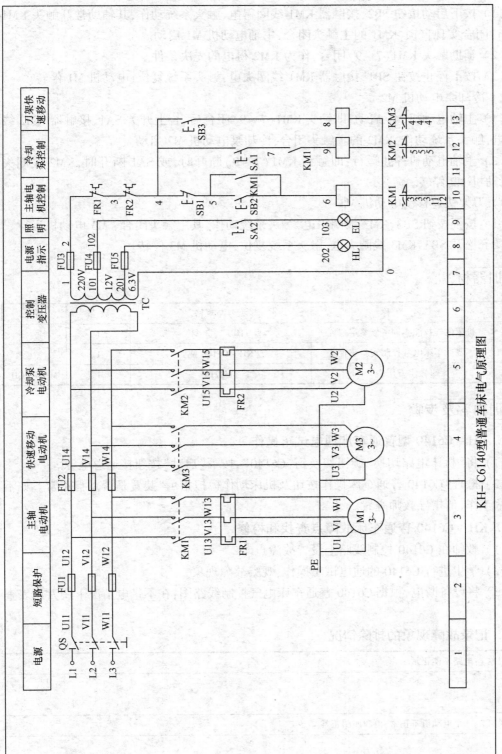

图3-6-6 C6140普通车床电气控制线路

KH-C6140型普通车床电气原理图

1）主轴电动机 M1

（1）按下启动按钮 SB2，接触器 KM1 线圈得电，触头系统动作，其辅助常开触头 KM1（5～6）闭合实现自锁，KM1 的主触头闭合，主轴电动机 M1 启动。

（2）辅助触头 KM1（7～9）闭合，作为 KM2 得电的先决条件。

（3）按下停止按钮 SB1，接触器 KM1 线圈失电，触头系统复位，电动机 M1 停转。

2）冷却泵电动机 M2

（1）主轴电动机 M1 启动，即触头 KM1（7～9）闭合后，合上开关 SA1，接触器 KM2 线圈得电，触头系统动作，KM2 的主触头闭合，冷却泵电动机 M2 启动。

（2）主轴电动机停止运行，即触头 KM1（7～9）断开时，或 SA1 断开时，KM2 线圈失电，电动机 M2 停转。

3）刀架快速移动电动机 M3

（1）按下按钮 SB3，KM3 线圈得电，触头系统动作，其主触头闭合，M3 电动机运行。

（2）松开 SB3，KM3 线圈失电，触头系统复位，电动机 M3 停转。

● 实训器材

序号	名　称	型号与规格	数　量	备注
1	机床电气技能实训考核鉴定装置	THPJC－2 型	1	
2	普通车床电气控制实验装置	KH－C6140 型	1	
3	数字万用表	MS8215	1	MASRECH

● 实训内容及步骤

1. KH－C6140 型普通车床通电试车操作

（1）将"机床电路切换"旋钮切换到"C6140"，按下"启动"按钮接通总电源。

（2）检查"C6140 普通车床操作按钮及机床动作模拟指示"装置是否运行正常。如不能正常工作，请指导教师查看。

2. KH－C6140 普通车床故障点查找和检修

（1）教师在 C6140 控制线路上设置故障点。

（2）学生进行 C6140 的通电试车操作，观察故障现象。

（3）将设备断电，根据 C6140 普通车床电气控制线路图，在不带电情况下用万用表查故障。

3. 记录故障现象的排除情况

故障现象 1：电路不能正常工作
故障现象 2：三个电动机不正常，电源照明正常

（续）

故障现象3：快速移动电动机不能启动冷却泵与主轴电动机不正常
故障现象4：冷却泵与主轴电动机不能启动
故障现象5：照明灯不亮

注意事项及规范

1. 设备应在指导教师指导下操作，安全第一。
2. 设备通电后，严禁在电器侧随意扳动电器件。
3. 进行排故训练，采用不带电检修。不允许带电操作。
4. 在操作中若发出不正常声响，应立即断电，查明故障原因待修。
5. 在维修设置故障中不要随便互换线端处号码管。

项目四　传感器与测量基础实训

实训 1　传感器与测量基础认识

实训目的

1. 学习传感器与测量基础知识;
2. 了解 THSRZ - 1 型传感器系统综合实训平台和 THPCYB - 1 过程测量仪表实训平台;
3. 熟悉实训装置基本操作安全知识与规范。
4. 了解压电式传感器测量振动的原理和方法。
5. 确定振荡臂、托盘与传感器组成的系统的固有频率。

实训原理及装置

1. 传感器

传感器是能感受(或响应)规定的被测量,并按照一定规律转换成可用信号输出的器件或装置。其作用是将被测的非电物理量转换成与其有一定关系的电信号,它获得的信号正确与否,直接关系到整个测量系统的精度,传感器一般由敏感元件、转换元件和基本转换电路三部分组成。

2. 非电量的电测法

非电量的电测法是用电测技术对非电量进行测量,非电测系统主要由传感器、测量电路、信息处理及显示装置组成。

3. 虚拟仪器

虚拟仪器,就是在以通用计算机为核心的硬件平台上,由用户设计定义、具有虚拟前面板、测试功能由测试软件实现的一种计算机仪器系统。其基本思想就是在测试系统或仪器设计中尽可能地用软件代替硬件,即"软件就是仪器"。

4. 组态软件

组态软件,又称组态监控软件系统软件。它是指一些数据采集与过程控制的专用软件。它们处在自动控制系统监控层一级的软件平台和开发环境,使用灵活的组态方式,为用户提供快速构建工业自动控制系统监控功能的、通用层次的软件工具。

5. THSRZ - 1 型传感器系统综合实训平台

图 4 - 1 - 1 为 THSRZ - 1 型传感器系统综合实训装置,本实训台可以完成大部分常用传感器的实验及应用,包括金属箔应变传感器、差动变压器、差动电容、霍耳位移、霍耳

转速、磁电转速、扩散硅压力传感器、压电传感器、电涡流传感器、光纤位移传感器、光电转速传感器、集成温度传感器(AD590)、K 型、E 型热电偶、PT100 铂电阻、湿敏传感器、气敏传感器共 17 种,三十多个实验。

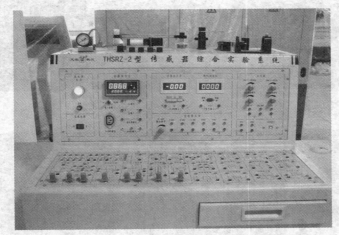

图 4 - 1 - 1　　THSRZ - 1 型传感器系统综合实训装置

实训台主要由数字仪表、激励源、传感器、信号调理电路及虚拟仪器测试部分组成。

(1) 基本部分。这部分由 1 ~ 10kHz 音频信号发生器、1 ~ 30Hz 低频信号发生器、四组直流稳压电源:±15V、+5V、±5V,0 ~ 24V 可调、数字式电压表、频率/转速表及高精度温度调节仪组成。

(2) 激励源部分。

① 热源:0 ~ 220V 交流电源加热,温度可控制在室温约 120℃,控制精度 ±1℃ (图 4 - 1 - 2)。

② 转动源:0 ~ 24V 直流电源驱动,转速可调在 0 ~ 4500r/min(图 4 - 1 - 3)。

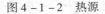

图 4 - 1 - 2　热源

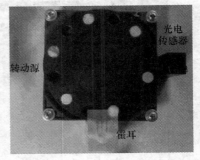

图 4 - 1 - 3　转动源

③ 振动源:振动频率 1 ~ 30Hz(可调)(图 4 - 1 - 4)。

(3) 传感器及信号调理电路部分。

图 4 - 1 - 5 为传感器及信号调理电路,包括电桥、电压放大器、差动放大器、电荷放大器、电容放大器、低通滤波器、涡流变换器、相敏检波器、移相器、温度检测与调理、压力检测与调理等共十个模块。

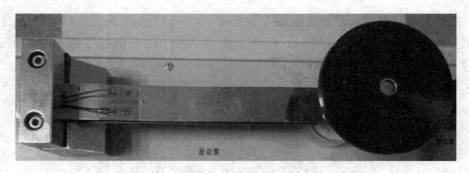

图 4 - 1 - 4　振动源

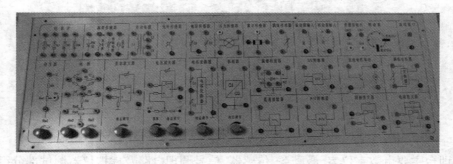

图 4 - 1 - 5　传感器及信号调理电路图

6. THSRZ 传感器实验系统软件

THSRZ 传感器实验系统软件是为了配合 THSRZ 传感器实训平台而开发的上位机虚拟仪器软件。本软件通过一块 USB 数据采集卡将传感器实验台上的模拟信号采集到上位机进行显示分析。上位机实现了虚拟数字示波器的功能,对采集的信号进行显示,测量,放大,缩小,波形保存,数据分析等。

程序的主要界面图如图 4 - 1 - 6 所示。

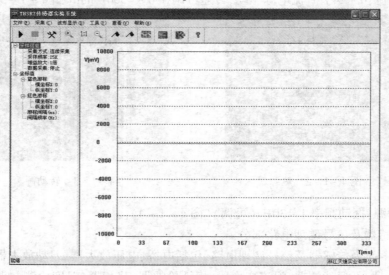

图 4 - 1 - 6　程序的主界面图

工作区域包括以下组件：

（1）菜单栏。菜单栏包含执行任务的菜单。这些菜单是按主题进行组织的。如"采集"菜单中包含"开始采集"和"停止采集"，波形显示包括"波形放大""波形缩小""波形还原"等。

（2）工具栏。工具栏提供了本系统的所有功能：开始采集、停止采集、采样条件设置、波形放大、波形缩小、波形还原、游标选择、实验数据分析、计算器、系统退出。

工具栏的操作说明如下：

（1）采样条件设置：点选工具栏的 ✖ 选项，将弹出如图4－1－7所示对话框，通过这个对话框，来选择采样的方式，和采集卡的增益放大倍数。

（2）波形的采集：在设置好采样条件后单击 ▶ 按钮采集波形，单击 ■ 按钮将停止采集，这时主窗体的右侧区域将显示采集到的波形。

（3）波形的测量：分别侧单击 ◆、◆ 按钮，然后到右侧的波形区进行定位，这时游标所在位置及波形的幅值将在左侧的区域对应显示测量电压的电压值及两游标之间的间隔和频率。

（4）波形的缩放： 、 、 这三个按钮分别对应对波形的放大、缩小、还原操作。操作方法：单击一个按钮后把鼠标移动到右边波形显示区域，用鼠标左键单击执行相应的操作，注意：在对波形放大的过程中不能过度放大。

（5）实验数据分析：单击 🏁 将弹出如图4－1－8所示的对话框。

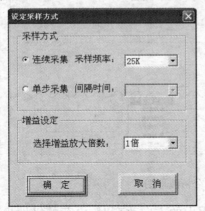

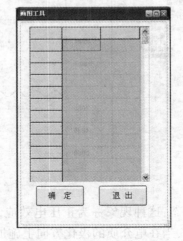

图4－1－7　"设定采样方式"对话框　　　图4－1－8　"数据分析"对话框图

在图4－1－9上添加要分析的一组数据，然后单击"确定"将弹出如下界面，对数据进行曲线拟合或线性回归分析。

（6）波形的保存：在右侧的波形显示区域单击鼠标右键，选择"波形保存"将把显示的波形保存为BMP格式的位图，如图4－1－10所示。

7. 演示压电传感器的振动试验

压电效应：某些电介质在沿一定方向上受到外力的作用而变形时，其内部会产生极化现象，同时在它的两个相对表面上出现正负相反的电荷。当外力去掉后，它又会恢复到不

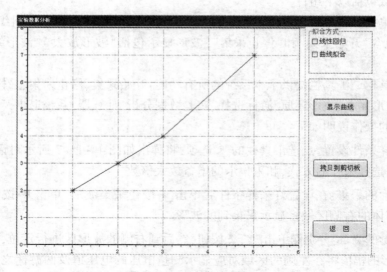

图 4-1-9　数据分析框图

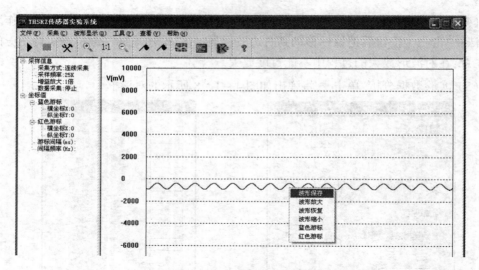

图 4-1-10　数据分析波形图

带电的状态,这种现象称为正压电效应。当作用力的方向改变时,电荷的极性也随之改变。相反,当在电介质的极化方向上施加电场,这些电介质也会发生变形,电场去掉后,电介质的变形随之消失,这种现象称为逆压电效应,或称为电致伸缩现象,如图 4-1-11 所示。

　　压电传感器:压电式传感器由惯性质量块和压电陶瓷片等组成(实验用的压电式加速度计结构如图 4-1-12 所示),在振动时惯性质量块可以套在立柱上上下振动,工作时传感器与试件振动的频率相同,质量块便有正比于加速度的交变力作用在压电陶瓷片上,由于压电效应,压电陶瓷产生正比于运动加速度的表面电荷。由于外力作用在压电元件上产生的电荷只有在无泄漏的情况下才能保存,即需要测量回路具有无限大的输入阻抗,这实际上是不可能的,因此压电式传感器不能用于静态测量。

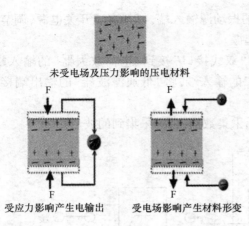

未受电场及压力影响的压电材料

受应力影响产生电输出　　受电场影响产生材料形变

图 4 - 1 - 11　压电效应及反压电效应

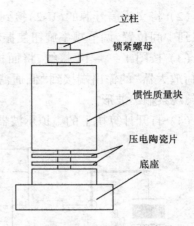

立柱

锁紧螺母

惯性质量块

压电陶瓷片

底座

图 4 - 1 - 12　压电式传感器

实训器材

序号	名　称	型号与规格	数　量	备　注
1	传感器系统综合实训平台	THSRZ - 1 型	1 套	
2	压电传感器		1 只	
3	计算机		1 台	

实训内容及步骤

　　演示一个压电式传感器振动实验,学习整个传感器与测量基础实训的基本操作步骤,并且通过观察虚拟示波器上的波形及其参数,确定系统的本振频率。

　　振动臂的振动原理很简单,如图 4 - 1 - 13 所示,振动臂的末端有一块永久磁铁,正对磁铁下部是一个线圈,由于线圈通电后会有磁性,吸引磁铁向下运动,如果提供线圈具有一定频率的电流,则线圈会按照电流的频率产生同频率的磁场,那么磁铁也会相应地按照电流的频率做上下振动。振动臂振动则会带动固定在托盘上的压电传感器做同频率振动。

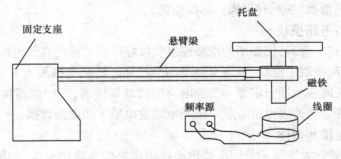

固定支座　　悬臂梁　　托盘

频率源　　磁铁　　线圈

图 4 - 1 - 13　振动臂的振动原理

实验步骤:

(1) 将压电传感器安装在振动臂圆盘上,用 M4 螺丝固定,将引出线接至"双线接口"。

（2）将交流信号源的（Us2）接到面板的振动源输入端,打开直流开关电源,调节幅度旋钮到中间位置,调节频率旋钮使振动梁起振。

（3）按图4-1-14接线,将面板上的"双线接口"接到"电荷放大器"的输入端,将"电荷放大器"的输出端接到"低通滤波器"的输入端,将"低通滤波器"的输出端接到示波器,观察输出波形。

（4）打开计算机上的虚拟示波器,开始采集数据,观察采集到的波形。

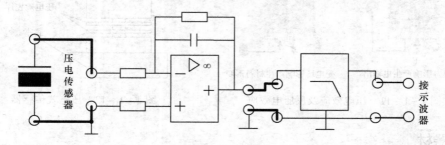

图4-1-14　压电式传感器振动实验接线原理图

改变低频输出信号的频率,记录振动源在不同振动频率下压电传感器输出波形的峰—峰值 V_{p-p},由此得出振动系统的固有频率。

振动频率/Hz												
V_{p-p}/V												

注意:当频率较小时,振动幅度较小,输出波形毛刺较为严重(毛刺为机械振动产生),实验频率可从10Hz左右开始,振动现象较为明显。

注意事项及规范

1. 电源

首先在做实验前打开电源总开关(交流220V),这时面板的电源指示灯和仪表面板亮,正对操作人员左侧第一个面板是温度指示、第二个面板是直流电压输入指示、第三个面板是频率/转速指示(使用时要操作切换按钮)。

2. 操作台与电路摸块

操作人员选定实验后,把要用的电路连接线接好以后才能把直流电源的开关打开,切记不能先开直流电源带电连线,否则实验电路会损坏。特别要提醒大家的是不管使用哪一组直流电源,它的接地端一定要和实验电路的接地端连通,否则电路将无法正常工作。再者电压表和频率/转速表也是必须连接到电路输出端才能读到数据。

3. 导线的连接与拆除

连接时一定要注意连线的长短不要把连接距离短的连线用长线,如果连线使用不当会影响实验数据的准确性。切记不要把直流电源的正端接到地端,这样会造成短路损坏直流电源。实验完成后,必须关掉直流电源开关开始拆线,拆线时一定要拿住导线的根部一根一根往上拉,不能拿着导线的中央拉,这样会把导线拉断。

特别提醒注意：在实习过程中凡是不按规定操作损坏实验设备及器件者一律按学校相关条例处理。

实训练习

学生自主完成压电传感器的振动实验，熟悉传感器实训平台，掌握虚拟仪器的使用方法。

实训 2　铂热电阻测温

实训目的

1. 学习温度传感器基础知识；
2. 学习铂热电阻测温原理与应用；
3. 使用铂热电阻测量温度，并使用实验装置建立一个自动温控系统。

实训原理及装置

1. 热电阻传感器

金属热电阻传感器也称为热电阻传感器，是利用金属导体的电阻值随温度变化而变化的原理进行测温。一般的热电阻传感器由热电阻、连接导线及显示仪表组成。金属热电阻大都由纯金属材料制成，目前主要采用的材料是铂和铜。铂热电阻的特点是测温精度高，稳定性好，是制造热电阻的最好材料。铂热电阻的应用范围为 −200 ~ 850℃。

2. 热电阻测温

利用热电阻随温度变化的特性，热电阻用于测量时，要求其材料电阻温度系数大，稳定性好，电阻率高，电阻与温度之间最好有线性关系。当温度变化时，感温元件的电阻值随温度而变化，这样就可将变化的电阻值通过测量电路转换电信号，即可得到被测温度。

3. TH1WD−1 型温度传感器特性测试加热器
提供本次实训的热源。

4. 铂热电阻 PT100（图 4−2−2）

PT 后的 100 即表示它在 0℃ 时阻值为 100Ω，在 100℃ 时它的阻值约为 138.5Ω。它的阻值会随着温度上升而成近似匀速的增长。但他们之间的关系并不是简单的正比关系，而更应该趋近于一条抛物线。铂电阻的阻值随温度的变化而变化的计算公式：

$$R_t = R_o[1 + At + Bt + C(t - 100)t], \quad -200 < t < 0℃ \qquad (4-2-1)$$

$$R_t = R_o[1 + At + Bt^2), \quad 0 < t < 850℃ \qquad (4-2-2)$$

其中，R_t 为 t℃ 时的电阻值，R_0 为 0℃ 时的阻值，系数 A、B 为实验测定。这里给出标准系数：$A = 3.90802 \times 10^{-3}$℃；$B = -5.802 \times 10^{-7}$℃；$C = -4.27350 \times 10^{-12}$℃。

PT100 的阻值 R 与温度 T 的关系如图 4 - 2 - 1 所示；实验所用 PT100 如图 4 - 2 - 2 所示。

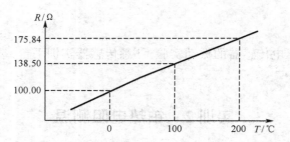

图 4 - 2 - 1　PT100 的阻值 R 与温度 T 的关系曲线

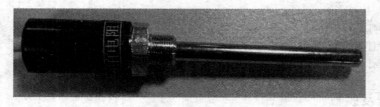

图 4 - 2 - 2　铂热电阻 PT100

单臂电桥：在试验中使用到了单臂电桥，图 4 - 2 - 3 介绍了单臂电桥的原理，平衡公式，及平衡之后的电桥特性。

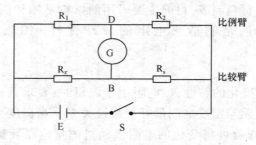

图 4 - 2 - 3　单臂电桥

当电桥平衡时 D、B 间电位相同，电流表 G 的电流为 0，各电阻的关系为

$$R_x = \frac{R_1}{R_2}R_s$$

5. 温度控制基本原理

由于温度具有滞后性，加热源为一滞后时间较长的系统。本实验仪采用 PID 智能模糊 + 位式双重调节控制温度。当温度源的温度发生变化时，温度源中的热电阻 PT100 的阻值发生变化，将电阻变化量作为温度的反馈信号输给 PID 智能温度调节器，经调节器的电阻—电压转换后与温度设定值比较再进行数字 PID 运算输出可控硅触发信号（加热）和继电器触发信号（冷却），使温度源的温度趋近温度设定值。PID 智能温度控制原理框图如图 4 - 2 - 4 所示。

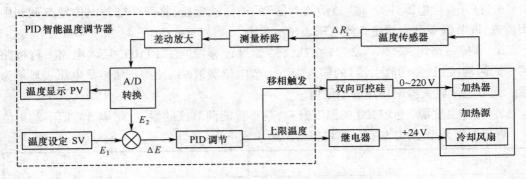

图 4 − 2 − 4　PID 智能温度控制原理图

实训器材

序号	名　称	型号与规格	数　量	备注
1	传感器系统综合实训平台	THSRZ − 1 型	1 套	
2	PT100		2 只	
3	温度源	TH1WD − 1 型	1 台	
4	计算机		1 台	

实训内容及步骤

1. 将智能调节仪上的温度控制设置在 50℃，在温度源的两个温度传感器插孔中插入两只铂热敏电阻温度传感器 PT100。

2. 将 PT100 的两个颜色相同的接线端短路（三线式 PT100 需短接）然后接至底面板"温度传感器"的"热敏电阻"处。

3. 按图 4 − 2 − 5 接好"差动放大器"和"电压放大器"，将"电压放大器"的输出接至直流电压表。

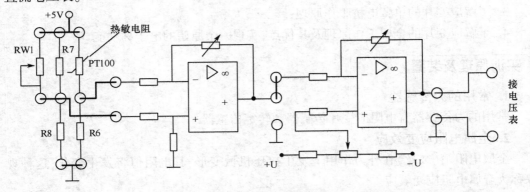

图 4 − 2 − 5　铂电阻温度特性测试接线图

4. 将 24V 电源串接到智能调节仪的继电器，再接入温度源的风扇电源输入，风扇的接地端接到电源的接地端。

5. 打开直流电源开关,将"差动放大器"的输入端短接,将两个增益电位器都调到中间位置,调节调零电位器使直流电压表显示为零。

6. 拿掉短路线,按图4-2-5接线,将"温度传感器"的"PT100"接入电路。将桥路的中间两端接到"差动放大器"的输入端。调节电位器RW1,使得直流数显电压表显示为零。记下电压放大器输出端的电压值。

7. 打开温度源,使PT100的温度升高,观察智能调节仪的温度,每隔5℃记下输出值U。直到温度升至50℃左右。并将实验结果填入下表。

$T/℃$							
U/V							

8. 观察整个智能温控系统,看智能调节仪的温度是否动态保持在一个温度范围上。如果不能,寻找原因。

注意事项及规范

同项目—实训1实验。

实训练习

在实验过程中,用电压表测试PT100两端的电压并记录温度值,绘制铂热电阻的温度特性曲线,与给定的R-T曲线作对比。

实训3 金属箔式应变片测力

实训目的

1. 学习力传感器基础知识;
2. 学习金属箔式应变片测力原理与应用;
3. 了解应变片的单臂电桥工作原理;
4. 了解应变片的全桥工作原理及其优点,实现一个原始的电子称功能。

实训原理及装置

1. 常用的力传感器
常用的力传感器有电阻应变片传感器和转矩传感器。

2. 金属电阻应变效应
金属电阻箔(或丝)在外力作用下发生拉压机械变形,其电阻值将发生变化,这种现象称为金属电阻应变效应。

3. 应变传感器
该传感器将如图4-3-1所示,将四个金属箔应变片(R1、R2、R3、R4)分别贴在弹性体的上下两侧,弹性体受到压力发生形变,应变片随形变被拉伸或被压缩。

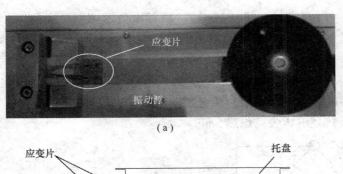

（a）

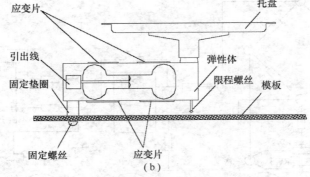

（b）

图 4 - 3 - 1　应变传感器实物图及结构图

通过这些应变片转换被测部位受力状态变化、单臂电桥的作用完成电阻到电压的比例变化，R5、R6、R7 为固定电阻，与应变片一起构成一个单臂电桥，其输出电压为

$$U_0 = \frac{E}{4} \cdot \frac{\Delta R / R}{1 + \frac{1}{2} \cdot \frac{\Delta R}{R}}$$

E 为电桥电源电压，R 为固定电阻值，上式表明单臂电桥输出为非线性，非线性误差为

$$U_0 = \frac{1}{2} \cdot \frac{\Delta R}{R} \times 100\%$$

实训器材

序号	名　称	型号与规格	数　量	备　注
1	传感器系统综合实训平台	THSRZ - 1 型	1 套	
2	万用表		1 只	

实训内容及步骤

单臂电桥性能试验：

1. 悬臂梁上的各应变片已分别接到调理电路面板左上方的 R1、R2、R3、R4 上，可用万用表测量判别，$R1 = R2 = R3 = R4 = 350\Omega$。

2. 按图 4 - 3 - 2 接好"差动放大器"和"电压放大器"部分，将"差动放大器"的输入端短接，"电压放大器"输出端接数显电压表（选择 200mV 挡），开启直流电源开关。将

"差动放大器"增益电位器与"电压放大器"增益电位器调至最大位置(顺时针最右侧),调节调零电位器使电压表显示为0V,关闭直流开关电源(两个增益调节的位置确定后不能改动)。

3. 按图4-3-2接好所有连线,将应变式传感器的其中一个应变电阻(如R1)接入电桥与R6、R7、R8构成一个单臂直流电桥。电桥输出接到"差动放大器"的输入端,电压放大器的输出接数显电压表。预热5min。

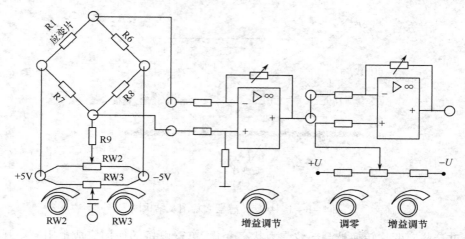

图4-3-2　单臂电桥面板接线图

4. 加托盘后调节RW2使电压表显示为零(采用2V挡)。

5. 在应变传感器托盘上放置一只砝码,读取数显表数值,依次增加砝码和读取相应的数显表值,直到200g砝码加完,记录实验数据填入表中。

质量/g										
电压/mV										

注意事项及规范

同项目一实训1实验。

实训练习

1. 将R6、R7、R8均换做应变片,做全桥性能测试,模拟电子称工作原理。通过调整调零旋钮、RW2电位器,使不放砝码时电压表显示为0,200g砝码加完时,电压表显示0.2V,然后逐个添加砝码,记录实验数据,对比全桥与单臂电桥的灵敏度和精度。

实训4　光电、霍耳传感器转速测量及转速控制试验

实训目的

1. 学习光电、霍耳传感器基础知识;

2. 学习光电、霍耳传感器测速原理与应用；

3. 了解、学习 PID 转速控制方法。

实训原理及装置

1. 常见的转速传感器

常用的转速传感器有交直流测速发电机、电容式转速传感器和光电式转速传感器、磁电式转速传感器等。

2. 光电式转速传感器

光电检测方法具有精度高、反应快、非接触等优点，而且可测参数多，传感器的结构简单，形式灵活多样，因此，光电式传感器在检测和控制中应用非常广泛。

光敏二极管是最常见的光传感器。光敏二极管的外形与一般二极管一样，只是它的管壳上开有一个嵌着玻璃的窗口，以便于光线射入，为增加受光面积，PN 结的面积做得较大，光敏二极管工作在反向偏置的工作状态下，并与负载电阻相串联，当无光照时，它与普通二极管一样，反向电流很小，称为光敏二极管的暗电流；当有光照时，载流子被激发，产生电子—空穴，称为光电载流子。在外电场的作用下，光电载流子参与导电，形成比暗电流大得多的反向电流，该反向电流称为光电流。光电流的大小与光照强度成正比，于是在负载电阻上就能得到随光照强度变化而变化的电信号。

实验中的光电传感器有直射式和反射式两种，直射式输入轴与待测轴相连，光通过开孔圆盘和缝隙板照射在光敏元件上。开孔盘旋转一周，光敏元件接收光的次数等于盘上的开孔数，所以转盘旋转一周将接收到 6 个高电平。反射式工作原理类似直射式光电转速传感器，差别仅是光敏元件的受光形式不同。

3. 霍耳式式转速传感器

利用霍耳效应表达式：$U_H = K_H IB$（图 4-4-1），在被测转盘上装上 N 只磁性体，转盘每转一周，霍耳传感器受到的磁场变化 N 次。转盘每转一周，霍耳电势就同频率相应变化。输出电势通过放大、整形和计数电路就可以测出转盘的转速。

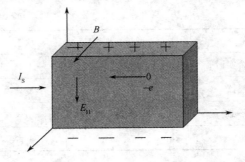

图 4-4-1　霍耳效应原理

4. 光电测速实训装置

本实训装置采用直射型光电测速传感器的，传感器端部有发光管和光电管，发光管发出的光源通过转盘上的孔透射到光电管上，并转换成电信号，由于转盘上有等间距的 6 个透射孔，转动时将获得与转速及透射孔数有关的脉冲，将电脉计数处理即可得到转速值。

图 4-4-2 为光电传感器测速连线图,图 4-4-3 为本实验光电传感器工作原理。

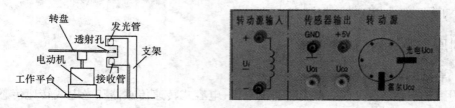

图 4-4-2 光电传感器测速连线图

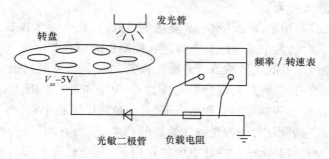

图 4-4-3 光电传感器工作原理

5. 霍耳传感器测速装置

当转动盘上嵌入 6 个磁钢时,转动盘每转一周霍耳传感器感应电势 e 产生 6 次的变化,感应电势 e 通过放大、整形由频率/转速表显示频率 f 及转速 n,转速 $n = 10f$。图 4-4-4 为霍耳传感器原理框图。

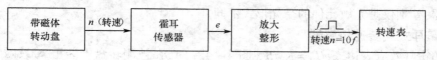

图 4-4-4 霍耳传感器原理框图

实训器材

序号	名 称	型号与规格	数量	备注
1	传感器系统综合实训平台	THSRZ-1 型	1 套	
2	光电传感器		1 只	
3	磁电传感器		1 只	
4	计算机		1 台	

实训内容及步骤

1. 光电传感器测转速实验

(1) 如图 4-4-5 所示,光电传感器已经安装在转动源上,将“0~24V 直流稳压电源”接至“转动源输入”。调节 0~24V 直流稳压电源驱动转动源。将 +5V 电源接到底面板上转动源传感器输出部分,Uo1 为“光电”输出端,将 Uo1 与接地端分别接到频率/转速表的"f/n 输入"的正、负端。

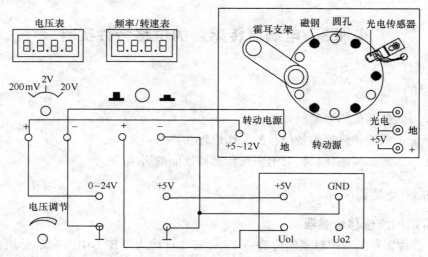

图 4 – 4 – 5   光电、霍耳传感器的安装接线示意

（2）打开直流电源开关,用不同的电压驱动转动源,待转速稳定后记录相应的转速（稳定时间约 1min）,填入下表,同时可通过上位机软件观察光电传感器的输出波形。

驱动电压 V/V	+6	+8	+10	+12	+14	+16	+18	+20
转速 n/（r/min）								
频率 f/Hz								

2. 霍耳传感器测转速实验

（1）按图 4 – 4 – 5 连接霍耳传感器,磁钢已经固定在转盘上。其与光电传感器连线方式相同,不同的是传感器输出部分,光电传感器输出接口为 Uo1,而霍耳传感器接口为 Uo2。

（2）将"0 ~ 24V 可调稳压电源"与"转动源输入"相连,用数显电压表测量其电压值。

（3）打开实验台电源,调节直流稳压电源 0 ~ 24V 驱动转动源（注意,正负极,否则烧坏电动机）,可以观察到转动源转速的变化,待转速稳定后（稳定时间约 1min）,记录对应的转速,与光电传感器在相同电压下的转速作比较,思考有什么关系。

驱动电压 V/V	+6	+8	+10	+12	+14	+16	+18	+20
转速 n/（r/min）								
频率 f/Hz								

注意事项及规范

同项目一实训 1 实验。

实训练习

记录不同驱动电压下,速度传感器的输出值,同时通过频率/转速表读取频率值,找出转速和频率之间的对应关系,思考为何有这种对应关系?

实训 5   电涡流传感器的位移特性实验

实训目的

1. 学习线位移传感器基础知识;
2. 了解电涡流传感器测量位移的工作原理和特性;
3. 了解不同的被测体材料对电涡流传感器性能的影响。

实训原理及装置

1. 常用的线位移传感器

线位移传感器是应用最多的传感器之一,它在自动检测技术中占有重要地位。按工作原理分类,位移传感器主要有电阻式、电感式、电容式、编码式、光栅式、霍耳效应式及激光式等多种。

2. 电涡流传感器

电涡流传感器能静态和动态地非接触、高线性度、高分辨力地测量被测金属导体距探头表面的距离。它是一种非接触的线性化计量工具。电涡流传感器能准确测量被测体(必须是金属导体)与探头端面之间静态和动态的相对位移变化。

电涡流传感器工作原理:

根据法拉第电磁感应原理,块状金属导体置于变化的磁场中或在磁场中作切割磁力线运动时(与金属是否块状无关,且切割不变化的磁场时无涡流),导体内将产生呈涡旋状的感应电流,此电流叫电涡流,以上现象称为电涡流效应。而根据电涡流效应制成的传感器称为电涡流式传感器。

前置器中高频振荡电流通过延伸电缆流入探头线圈,在探头头部的线圈中产生交变的磁场。当被测金属体靠近这一磁场,则在此金属表面产生感应电流,与此同时该电涡流场也产生一个方向与头部线圈方向相反的交变磁场,由于其反作用,使头部线圈高频电流的幅度和相位得到改变(线圈的有效阻抗),这一变化与金属体磁导率、电导率、线圈的几何形状、几何尺寸、电流频率以及头部线圈到金属导体表面的距离等参数有关。

通常假定金属导体材质均匀且性能是线性和各项同性,则线圈和金属导体系统的物理性质可由金属导体的电导率 6、磁导率 ξ、尺寸因子 τ、头部体线圈与金属导体表面的距离 D、电流强度 I 和频率 ω 参数来描述。则线圈特征阻抗的表示函数为

$$Z = F(\tau, \xi, 6, D, I, \omega)$$

通常我们能做到控制 τ, ξ, 6, I, ω 这几个参数在一定范围内不变,则线圈的特征阻抗 Z 就成为距离 D 的单值函数,虽然它整个函数是一非线性的,其函数特征为"S"型曲线,但可以选取它近似为线性的一段。当被测金属与探头之间的距离发生变化时,探头中线圈的 Q 值也发生变化,Q 值的变化引起振荡电压幅度的变化,而这个随距离变化的振荡电压经过检波、滤波、线性补偿、放大归一处理转化成电压(电流)变化,最终完成机械

位移(间隙)转换成电压(电流)。

于此,通过前置器电子线路的处理,将线圈阻抗 Z 的变化,即头部体线圈与金属导体的距离 D 的变化转化成电压或电流的变化。输出信号的大小随探头到被测体表面之间的间距而变化,电涡流传感器就是根据这一原理实现对金属物体的位移、振动等参数的测量。图 4-5-1 为电涡流传感器示意图。

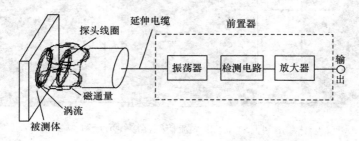

图 4-5-1 电涡流传感器

由上所述,电涡流传感器工作系统中被测体可看作传感器系统的一半,即一个电涡流位移传感器的性能与被测体有关(图 4-5-2)。

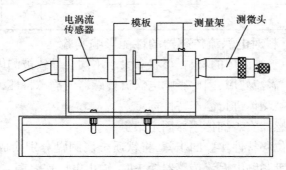

图 4-5-2 电涡流传感器安装示意图

实训器材

序号	名 称	型号与规格	数 量	备 注
1	传感器系统综合实训平台	THSRZ-1 型	1 套	
2	电涡流传感器		1 只	
3	铁、铜圆盘,大小不等铝圆盘 2 个		1 套	
4	电涡流变换器		1 只	

实训内容及步骤

1. 电涡流传感器测量位移实验

(1)按图 4-5-2 安装电涡流传感器。

(2)在测微头端部固定上铁质金属圆盘,作为电涡流传感器的被测体。调节测微头,使铁质金属圆盘的平面贴到电涡流传感器的探测端,固定测微头,涡流传感器连接线接至相应的电涡流插座中。

（3）按图 4-5-3,将底面板上电涡流传感器连接到涡流变换器上标有"～～～"的两端,涡流变换器输出端接直流数显电压表。电压表量程切换开关选择 20V 挡。

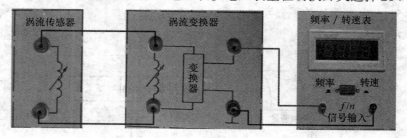

图 4-5-3　电涡流传感器接线示意图

（4）打开实验台直流电源开关,记下直流电压表读数,然后每隔 0.3mm 读一个数,直到输出几乎不变为止。将结果列入下表。

X/mm										
V/V										

2. 不同被测体材料对电涡流传感器的性能影响实验

在实际应用中,由于被测体的材料、形状和大小不同会导致被测体上涡流效应的不充分,会减弱甚至不产生涡流效应,因此影响电涡流传感器的静态特性,所以在实际测量中,往往必须针对具体的被测体进行静态特性标定。

（1）将电涡流传感器安装到传感器固定架上。

（2）重复电涡流位移特性实验的步骤,将铁质金属圆盘分别换成铜质金属圆盘和铝质金属圆盘。金属圆盘紧贴电涡流传感器探头时,输出电压铁＜铜＜铝。

将实验资料分别记入下表中:

铜质被测体实验结果

X/mm										
V/V										

铝质被测体实验结果

X/mm										
V/V										

注意事项及规范

同项目一实训 1 实验。

实训练习

利用电涡流传感器测试不同金属材料的线位移,比较铜、铁、铝的涡流敏感程度。

实训 6　气敏传感器与湿敏传感器

实训目的

1. 学习气敏传感器基础知识；
2. 学习酒精气敏传感器测气体浓度原理与应用。
3. 了解湿敏传感器的原理及应用范围。

实训原理及装置

1. 常用的气敏传感器

气敏传感器是一种检测特定气体的传感器。它主要包括半导体气敏传感器、接触燃烧式气敏传感器和电化学气敏传感器等，其中用得最多的是半导体气敏传感器。它的应用主要有：一氧化碳气体的检测、瓦斯气体的检测、煤气的检测、氟利昂（R11、R12）的检测、呼气中乙醇的检测、人体口腔口臭的检测等。

2. 气敏传感器测气体浓度

1）酒精气敏传感器

本实验所采用的 SnO_2（氧化锡）半导体气敏传感器属电阻型气敏元件；它是利用气体在半导体表面的氧化和还原反应导致敏感元件阻值变化：

氧化反应：$Sn + O_2$——SnO_2（金属表面氧化物不导电，导致电阻导电横截面积减小，阻值增大）

还原反应：$3SnO_2 + C_2H_6O$——$3Sn + 2CO_2 + 3H_2O$（金属表面氧化物被还原成金属，导致阻值减小）

随着气体浓度的改变，化学反应的强度改变，若气体浓度大，则反应强烈；气体浓度小，化学反应弱。根据这一特性，可以从阻值的变化得知，吸附气体的种类和浓度。

2）湿敏传感器

湿度是指大气中水分的含量，通常采用绝对湿度和相对湿度两种方法表示，湿度是指单位体积中所含水蒸气的含量或浓度，用符号 AH 表示，相对湿度是指被测气体中的水蒸气压和该气体在相同温度下饱和水蒸气压的百分比，用符号 %RH 表示。湿度给出大气的潮湿程度，因此它是一个无量纲的值。实验使用中多用相对湿度概念。湿敏传感器种类较多，根据水分子易于吸附在固体表面渗透到固体内部的这种特性（称水分子亲和力），湿敏传感器可以分为水分子亲和力型和非水分子亲和力型，本实验所采用的属水分子亲和力型中的高分子材料湿敏元件。高分子电容式湿敏元件是利用元件的电容值随湿度变化的原理，具有感湿功能的高分子聚合物，例如，乙酸 – 丁酸纤维素和乙酸 – 丙酸比纤维素等，做成薄膜，它们具有迅速吸湿和脱湿的能力，感湿薄膜覆在金箔电极（下电极）上，然后在感湿薄膜上再镀一层多孔金属膜（上电极），这样形成的一个平行板电容器就可以通过测量电容的变化来感觉空气湿度的变化。

3. 气敏传感器

图 4 – 6 – 1 为气敏传感器，图 4 – 6 – 2 为湿敏传感器。

图 4 – 6 – 1　气敏传感器

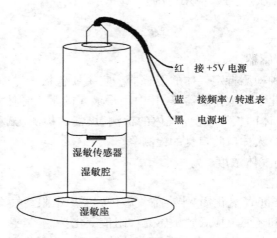

红　接 +5V 电源

蓝　接频率 / 转速表

黑　电源地

湿敏传感器

湿敏腔

湿敏座

图 4 – 6 – 2　湿敏传感器

实训器材

序号	名　称	型号与规格	数　量	备注
1	传感器系统综合实训平台	THSRZ – 1 型	1 套	
2	气敏传感器		1 只	
3	湿敏传感器		1 只	

实训内容及步骤

1. 酒精气敏传感器实验

（1）将气敏传感器夹持在差动变压器实验模板上的传感器固定支架上。

（2）按图 4 – 6 – 3 接线,气敏传感器的红色线接 +5V 电压,黑色线接地,黄色线接 +10V 电压,蓝色线接电压表正端与采样电阻(Rw2 与 Rw3 的公共端)的一端。 +10V 电压由 24V 可调电压源调节而得到。请将直流电压表另外一端接地(需与电源地共地)。

（3）用浸透酒精的小棉球,靠近传感器,并吹 2 次气,使酒精挥发进入传感器金属网内,观察电压表读数变化并记录(或者将气敏传感器倒置,小棉球靠近传感器端口,挥发的酒精会进入传感器金属网内,观察电压表变化)。

98

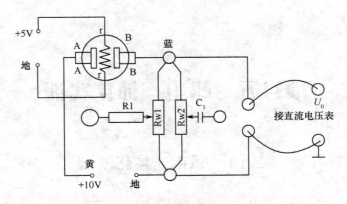

图 4 - 6 - 3　气敏传感器测酒精浓度接线图

无酒精时电压表示数	有酒精时电压表示数

2. 湿敏传感器实验

（1）湿敏传感器实验装置如图 4 - 6 - 2 所示,红色接线端接 +5V 电源,黑色接线端接地,蓝色接线端接"频率/转速表"输入端,"频率/转速表"另外一端接地。"频率/转速表"选择频率挡。记下此时"频率/转速表"的读数。

同样将湿度传感器置于湿敏腔孔上,观察数显表头读数变化,记录在下表中。

无干燥剂时频率/转速示数	有干燥剂时频率/转速示数

（2）实验结束后,关闭实验台电源,整理好实验设备。

注意事项及规范

同项目一实训 1 实验。

实训练习

当存在酒精气体以及空气湿度变化时,观测气敏传感器、湿敏传感器的示数变化,思考产生变化的原因,理解传感器的工作原理。

项目五　机电一体化实训

实训1　机电一体化基础

实训目的

1. 熟悉机电一体化基础知识；

2. 通过自动分拣系统实训，认识可编程控制器、步进电动机及其驱动、传感器、交流电动机及变频器等的工作原理和综合应用。

实训原理

1. 机电一体化概述

机电一体化又称机械电子学（Mechatronics），它是由英文机械学 Mechanics 的前半部分与电子学 Electronics 的后半部分组合而成。机电一体化最早出现在 1971 年日本杂志《机械设计》的副刊上，随着机电一体化技术的快速发展，机电一体化的概念被我们广泛接受和普遍应用。随着计算机技术的广泛应用，机电一体化技术获得前所未有的发展，它使冷冰冰的机器变得人性化、智能化。

机电一体化技术是将机械技术、电工电子技术、微电子技术、信息技术、传感器技术、接口技术、信号变换技术、传感器技术、接口技术、信号变换技术等多种技术进行有机地结合，并综合应用到实际中去的综合技术。现代化的自动生产设备几乎可以说都是机电一体化设备。

2. 机电一体化装置

机电一体化装置举例：THJDQG－1 型机电一体化控制实训系统。THJDQG－1 型机电一体化控制实训系统是典型的机电气一体化产品，实训平台配备有气泵，用来压缩空气。实训平台主要由以下几部分组成。

（1）电源模块：如图 5－1－1 所示，三相四线 380V 交流电源经三相电源总开关给系统供电，设有熔断器，具有漏电和短路保护功能，可给外部设备供电，并提供单、三相交流电源。

（2）按钮模块：如图 5－1－2 所示，提供红、黄、绿三种指示灯（DC24V）、复位、自锁按钮、急停开关、转换开关、蜂鸣器。提供 24V/6A、12V/5A 直流电源。

（3）可编程控制器模块：如图 5－1－3 所示，采用西门子 CPU226 可编程控制器（24路数字量输入/16 路晶体管输出）、两个 RS－485 通信口，在 PLC 的每个输入端均有开关，PLC 主机的输入/输出接口均连到面板上。

图 5 - 1 - 1　电源模块　　　　　　　图 5 - 1 - 2　按钮模块

（4）变频器模块：如图 5 - 1 - 4 所示，采用西门子 MM420 变频器，三相380V 供电，输出功率 0.75kW。具有线性 V/F 控制、平方 V/F 控制、磁通电流控制、直流转矩控制等功能。

图 5 - 1 - 3　PLC 模块　　　　　　　图 5 - 1 - 4　变频器模块

（5）上料机构：如图 5 - 1 - 5 所示，由井式工件库、光电传感器、工件、推料气缸 1、安装支架等组成。其中，光电传感器：为光电漫反射型传感器，有物料时为 PLC 提供一个输入信号，推料气缸：将工件推到皮带输送机构上；警示灯：设备停止时红灯亮，设备运行时指绿灯亮，无物料和单击"复位"按钮后黄灯闪烁；井式工件库：用于存放工件；安装支架：用于安装工件库和推料气缸。

（6）皮带输送机构：如图 5 - 1 - 6 所示，由皮带输送线、三相异步电动机、电容传感器、电感传感器、色标传感器、编码器等组成。其中，电容传感器：检测金属材料；电感传感器：检测铁质材料；色标传感器：检测物料颜色；编码器：根据物料从起点到终点所需的脉冲数，控制变频器的启动和停止；皮带输送线：由三相交流异步电动机拖动，将物料送到相应的位置。三相异步电动机：驱动传送带转动，由变频器控制。

（7）搬运机械手机构：如图 5 - 1 - 7 所示，由气动手爪、导杆气缸、旋转气缸、磁性传感器等组成。其中，气动手爪：完成工件的抓取动作，由单向电控气动阀控制；导杆气缸：控制气动手爪上升和下降，由单向电控气动阀控制；旋转气缸：控制机械手的旋转，由单向电控气动阀控制。磁性传感器：用于气缸的位置检测，当检测到气缸准确到位后给 PLC 发一个到位信号。（接线：蓝色接"－"，棕色接"PLC 输入端"）。

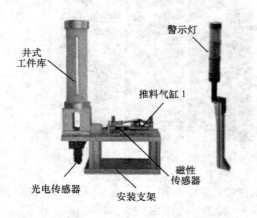

图 5 - 1 - 5　上料机构

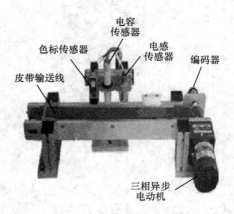

图 5 - 1 - 6　皮带输送机构

（8）分类仓储机构：由运料小车、货台、推料气缸 2、磁性传感器、步进电动机、步进电动机驱动器等组成。其中，步进电动机及驱动器：控制运料小车的运行；推料气缸：将物料推到货台上，由单相电控气动阀控制（图 5 - 1 - 8）。

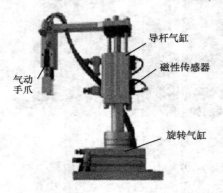

图 5 - 1 - 7　搬运机械手机构

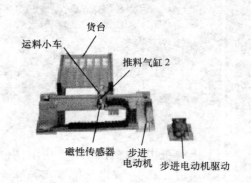

图 5 - 1 - 8　分类仓储机构

实训台采用 PLC 作为控制器，结合步进电动机、传感器等设备，通过运行程序，实现机械手对物料的传送和分类存放。

传送站的物料斗下方装有光电传感器，当光电传感器检测到有工件时，推料出气缸 1 动作，将工件推出到传送带上。

然后由变频器带动传送电动机运行。工件在传送带的带动下，依次经过电容传感器、电感传感器、色标传感器。

工件到达传送带终点后，电动机停止运行。在工件到达终点后，机械手将物块从传送带上夹起，放到货运台上。

货运台得到机械手搬运过来的工件后，根据在传送带上三个传感器得到的特性参数，将物块运送到相应的仓位，并由推料气缸 2 将物块弹到仓位内，最后货运台回到等待位置。

序号	名 称	型号与规格	数 量	备 注
1	光机电一体化控制实训系统		1	
2	气泵	LB:0.017/8	1	
3	导线		若干	

实训题目及内容

通过熟悉 THJDQG - 1 型机电一体化控制实训系统,认识和了解机电一体化系统的结构和组成,掌握机电一体化系统的控制方法。

实训步骤

1. 打开气泵。

2. 根据表 5 - 1 - 1 所列,用连接导线将 PLC 的各个输入端子分别连接至对应的元件各连接端子。

表 5 - 1 - 1　控制台信号端子与 PLC 输入输出端子的连接

序号	PLC 地址	名称及功能说明	接到实训台的号码	序号	PLC 地址	名称及功能说明	接到实训台的号码
1	I0.0	编码器 A 相脉冲输出	69	1	Q 0.0	步进电动机驱动器 PUL +	5（PUL）
2	I0.1	编码器 B 相脉冲输出	70	2	Q 0.1	步进电动机驱动器 DIR +	4（DIR）
3	I0.2	启动按钮	SB5 - 2	3	Q 0.3	上料气缸电磁阀	14（YV1）
4	I0.3	停止按钮	SB6 - 2	4	Q 0.4	旋转气缸电磁阀	16（YV2）
5	I0.4	复位按钮	SB4 - 2	5	Q 0.5	升降气缸电磁阀	18（YV3）
6	I0.5	上料检测光电传感器输出	55（SB1）	6	Q 0.6	气动手爪电磁阀	20（YV4）
7	I0.6	右基准限位开关	65	7	Q 0.7	分拣气缸电磁阀	22（YV5）
8	I0.7	电容传感器输出	58（SB2）	8	Q1.0	启动灯	26
9	I1.0	电感传感器输出	61（SB3）	9	Q1.1	停止灯	27
10	I1.1	色标传感器输出	64（SB4）	10	Q1.2	复位灯	25
11	I1.2	升降气缸伸出到位传感器正端	45（3B2）	11	Q1.3		变频器（DIN1）

序号	PLC 地址	名称及功能说明	接到实训台的号码	序号	PLC 地址	名称及功能说明	接到实训台的号码
12	I1.3	升降气缸下降到位传感器正端	43 (3B1)	12	SB6 - 1		0V
13	I1.4	旋转气缸逆时针到位传感器正端	39 (2B1)	13	SB5 - 1		0V
14	I1.5	旋转气缸顺时针到位传感器正端	41 (2B2)	14	SB4 - 1		0V
15	I1.6	上料气缸原位传感器	35 (1B1)				
16	I1.7	上料气缸伸出传感器	37 (1B2)				
17	I2.0	分拣气缸原位传感器	49 (5B1)				
18	I2.1	分拣气缸伸出传感器	51 (5B2)				
19	I2.2	气动手爪夹紧限位传感器	47 (4B1)				

实训台上的号码:3,10,53,56,59,62,67 接 +24V;2,7,9,15,17,19,21,23,36,38,40,42,44,46,48,50,52,54,57,60,63,66,68 接 0V;1 接 13;12 接 11;4 接 6;5 接 8;24 接变频器的 9 号端子。PLC 输入端的 1M、2M 接 +24V;输出端的 1L + 接 +24V,1M 接 0V,2L + 接变频器的 8 号端子,2M 接变频器的 9 号端子

3. 确保接线无误后,打开电源模块的总开关。

4. 将按钮模块的船型开关打到"ON",其次将 PLC 模块的船型开关打到"ON"。

5. 按下"复位"按钮 SB4,使系统恢复到初始状态,货运站、机械手站和传送站分别进行复位动作:货运站将货运台运行到起点位置,触发起点限位开关后停止、机械手站将机械手运行到传送站的终点位置,传送站运行 5s,将传送带上的物料清除。

6. 按下"启动"按钮 SB5,警示绿灯亮,系统进入工作状态。传送站的物料斗中有工件时,推料气缸 1 动作,将工件推出到传送带上。之后由变频器带动传送电动机运行。工件在传送带的带动下,依次经过可检测出金属工件的电容传感器;可检测出铁质工件的电感传感器;可检测出不同的颜色且色度可调的色标传感器。工件到达传送带终点后,电动机停止运行。在工件到达终点后,机械手将物块从传送带上夹起,放到货运台上。货运台得到机械手搬运过来的工件后,根据在传送带上三个传感器得到的特性参数,将物块运送到相应的仓位,并由推料气缸 2 将物块弹到仓位内,最后货运台回到等待位置。

7. 系统运行完一料筒工件(18 个)后,将物料分拣到货台上。铁质黄色物料分拣到一个槽,铁质红、绿物料分拣到一个槽内,铝质黄色物料分拣到一个槽内,铝质红、绿物料分拣到一个槽内。

8. 运行完毕,首先按下"停止"按钮 SB6,所有部件停止工作(除运料小车),同时警示红灯亮。

9. 断电时先将 PLC 模块船型开关打到"OFF",其次将按钮模块船型开关打到

"OFF"。再关闭电源模块的总开关。

10. 关闭气泵。

实训注意事项

1. 接线前必须先断开总电源,接线完毕,检查无误后,才可通电,严禁带电插拔。

2. 运行过程中,不得人为干预执行机构,以免影响设备正常运行。

3. 若突然断电,设备停止工作。电源恢复后,点动"复位"按钮 SB4,再点动"启动"按钮 SB5,则设备重新开始运行。

4. 实验始终,模型上要保持整洁,不可随意放置杂物,特别是导电的工具和多余的导线等,以免发生短路等故障。

5. 实验完毕,应及时关闭电源开关,并及时清理实验台面,整理好连接导线并放置规定的位置。

思考题

1. 机电一体化系统主要由哪些部分组成?

2. PLC 应用于工业控制的优势有哪些?

实训 2 传送带控制实训

实训目的

1. 学习传送带控制知识;

2. 学习传送带控制系统的 PLC 控制。

实训原理

1. 传送带及其工程背景

传送带完成车间内部、企业内部、企业之间甚至城市之间的物料搬运,是物料搬运系统机械化和自动化不可缺少的组成部分,常见的传送带如图 5 - 2 - 1 所示。

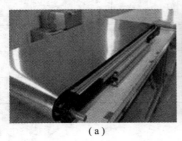 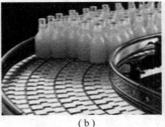 

（a） （b） （c）

图 5 - 2 - 1 传送带实物图

17 世纪中叶,美国开始应用架空索道传送散状物料;19 世纪中叶,各种现代结构的传送带输送机相继出现。1868 年,在英国出现了皮带式传送带输送机;1887 年,在美国出现了螺旋输送机;1905年,在瑞士出现了钢带式输送机;1906年,在英国和德国出现了惯性输送机。此后,传送带输送机受到机械制造、电动机、化工和冶金工业技术进步的影响,不断完善,逐步向着大型化发展、扩大使用范围、物料自动分拣、降低能量消耗、减少污染等方面发展。

2. 传送带控制系统原理

带牵引件的传送带物料传送系统可以通过PLC、单片机等系统进行控制。利用软件检测物料是否到达,继而控制牵引件(电动机、减速器和制动器)的运行和停止,控制物料的传送。

3. 实训中的传送带模拟装置

实训中的传送带模拟装置如图5-2-2所示。

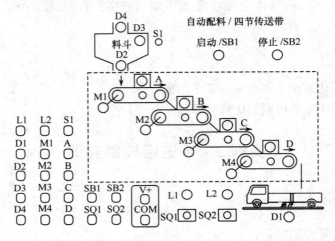

图5-2-2 传送带模拟装置

实训器材

序号	名　称	型号与规格	数　量	备注
1	可编程控制器	S7-200CPU224	1	
2	主机模块	D68S	1	
3	传动带模拟模块	D66	1	
4	计算机		1	
5	导线		若干	

实训题目及内容

在图5-2-2(传送带模拟装置图)中,M1、M2、M3、M4分别代表每一节传送带的驱动电动机,A、B、C、D分别代表每一节传送带驱动电动机的故障信号。

传送带控制设计功能要求:

106

（1）按下启动按钮 SB1,立刻启动 M3,延时 1s 后启动 M2,再延时 1s 后启动 M1;按下停止按钮 SB2,立刻停止 M1,延时 1s 后停止 M2,再延时 1s 后停止 M3。

（*2）当某条传送带的电动机发生故障时,该传送带及其前面的传送带立即停止,而该传送带以后的传送带待运完后才停止。例如:当 M2 的故障信号 B 产生时,M1、M2 应立即停,经过 1s 延时后,M3 停。

实训步骤

1. 接线

（1）给传送带控制面板通电。将传送带控制面板的电源接至主机电源,接法见表 5 - 2 - 1。

表 5 - 2 - 1　传送带控制面板通电

传送带控制面板	接至	主机电源
正极"V +"	→	正极"L +"
负极"COM"	→	负极"M"

其中,主机电源的正极"L +"、主机电源的负极"M"在图 5 - 2 - 3 中间虚线以上部分的右下角。

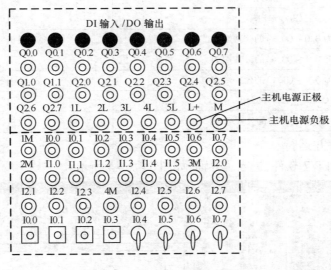

图 5 - 2 - 3　PLC 的 I/O 端子

（2）将传送带的信号端与 PLC 的 I/O 端子分别进行连接。具体接法如表 5 - 2 - 2 所列。

（3）给 PLC 的 I/O 端子(即 I/O 端子)通电。

给 PLC 的 I/O 端子通电的方法是:将 I/O 端子的公共端接至主机电源,具体接法如表 5 - 2 - 3 所列。

公共端是一组 I/O 点的公共接线端子。如:将(I0.0 ~ I0.7)的公共端 1M 端子接至主机电源正极"L +",即是给(I0.0 ~ I0.7)通上电了。

107

表 5 - 2 - 2　四节传动带模拟装置输入输出信号

输入信号			输出信号		
功能	接至	PLC 输入点	功能	接至	PLC 输出点
启动按钮 SB1	→	I0.0	驱动电机 M1	→	Q 0.1
停止按钮 SB2	→	I0.5	驱动电机 M2	→	Q 0.2
驱动电机 M1 的故障信号 A	→	I0.1	驱动电机 M3	→	Q 0.3
驱动电机 M2 的故障信号 B	→	I0.2			
驱动电机 M3 的故障信号 C	→	I0.3			

注意:在表 5 - 2 - 3 中并不是所有的公共端都需要连接的,具体情况要看在表 5 - 2 - 2 中所用到了哪些 I/O 端子。表 5 - 2 - 2 中没有用到的 I/O 端子,其公共端就不必连接电源了。

表 5 - 2 - 3　PLC 的 I/O 端子的公共端接线

	PLC 输入端		主机电源
输入端	(I0.0 ~ I0.7)的公共端 1M	→	正极"L +"
	(I1.0 ~ I1.7)的公共端 2M	→	正极"L +"
	(I2.0 ~ I2.3)的公共端 3M	→	正极"L +"
	(I2.4 ~ I2.7)的公共端 4M	→	正极"L +"
	PLC 输出端		主机电源
输出端	(Q 0.0 ~ Q0.3)的公共端 1L	→	负极"M"
	(Q 0.4 ~ Q0.6)的公共端 2L	→	负极"M"
	(Q 0.7 ~ Q1.1)的公共端 3L	→	负极"M"
	(Q2.0 ~ Q2.3)的公共端 4L	→	负极"M"
	(Q2.4 ~ Q2.7)的公共端 5L	→	负极"M"

2. 编制程序并运行

(1) 打开 STEP 7 软件,进入主界面,如图 5 - 2 - 4 所示。

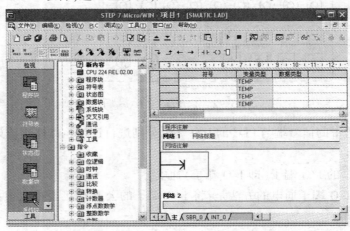

图 5 - 2 - 4　STEP/WIN 4.0 项目主界面

（2）单击"程序块"→"主程序"，双击则进入主程序编辑窗口。

（3）在工具栏的"指令"→"位逻辑"中选择" ⊣⊢ ⊣/⊢ ⟨ ⟩ "等元件，双击，相应的元件自动在程序编辑行出现。

（4）在程序编辑行的??.? 中输入相应的地址，如I0.0，如图5－2－5 所示。

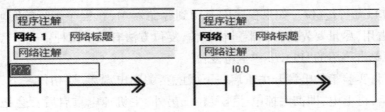

图 5 - 2 - 5　输入地址 I0.0

（5）用工具栏里的连接线 ↴ ↑ ← → 将元件连接起来，组成完整的语句。

（6）程序编写完成后，编译程序。单击工具栏中的 ☑ 或者单击菜单命令"PLC"→"编译"，对程序进行编译，在软件左下侧的信息框中可看到编译成功的消息（如:0 个错误），表明编译成功。

（7）编译成功后，下载程序。下载程序前，先打开 PLC 的电源。

单击工具栏中的 ☲ 或者单击菜单命令"文件"→"下载"，对程序进行下载。选择需要下载的"程序块"、"数据块"、"系统块"，一起下载至 PLC 的 CPU 中，如图5 － 2 － 6 所示。

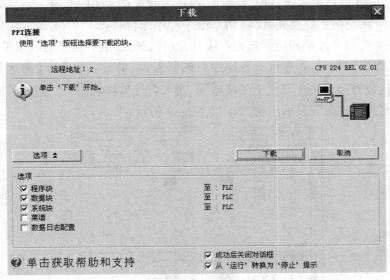

图 5 - 2 - 6　选择下载的程序块、数据块和系统块

单击下载后，会提示图 5 － 2 － 7 所示的"您希望设置 PLC 为 STOP 模式吗?"，单击"确定"，将 PLC 设置为 STOP 模式。

（8）下载成功后，将传送带操作面板上的开关全都"回零"（将传送带面板上的开关全都打下来）。

为什么要对开关进行回零呢?

因为:在操作面板上,输入信号若用的是开关,开关若是提前被打上去了,那这些开关就已经被置为1了。因此,在PLC进行复位并运行程序之前,需将操作面板上的开关全都"回零",做法是:将开关打下来。

(9)将PLC进行复位。如果程序中有用到存储器M,在程序运行的时候,为了避免存储器已被占用,尽量要先将存储器进行复位,复位方法有以下两种:

方法一:单击菜单的"PLC"→"上电复位"。

方法二:将实验箱的电源开关重启一下(注意:关闭电源后,要稍待一下,看到主机完全彻底掉电后,再上电,即彻底掉电才能复位。另外,主机掉电重启后不会把之前下载成功的程序丢失,所以此处不用因为担心程序丢失而再去重新下载程序)。

(10)运行程序。单击工具栏中的 ▶ 按钮或者点击菜单命令"PLC"→"运行",运行程序,如图5-2-8所示。

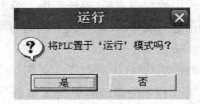

图5-2-7 下载时PLC设置为STOP模式　　图5-2-8 改变CPU的运行状态

单击"是",则PLC进入运行模式,这时PLC上的黄色STOP(停止)状态指示灯灭,绿色RUN(运行)状态指示灯点亮,说明PLC处于程序运行状态。

(11)在实验箱上按动相应的按钮或拨动相应的开关,查看程序运行结果。

(12)在程序运行时,若想查看程序运行的状态,可单击菜单命令【调试】→【开始程序状态监控】,或直接单击工具栏上的按钮 ,进入程序监控状态。"监控状态"下梯形图将每个元件的实际状态都显示出来,如图5-2-9所示。

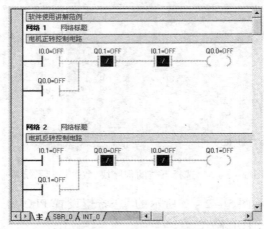

图5-2-9 程序运行监控状态

附录:本实训的参考程序如下:

思路一:图 5 - 2 - 10 和图 5 - 2 - 11 分别为传送带控制的参考程序 1、2。

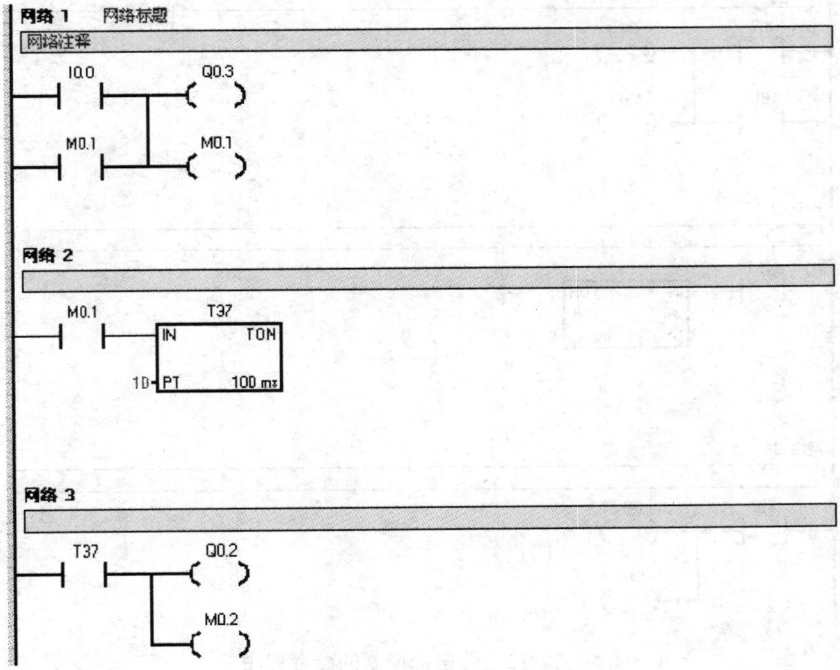

图 5 - 2 - 10　传送带控制的参考程序 1

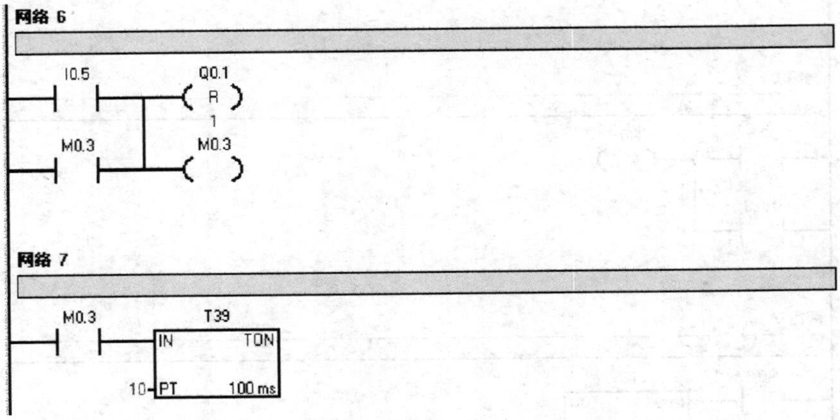

图 5 - 2 - 11　传送带控制的参考程序 2

附录:本实训的参考程序

思路二:图5-2-12和图5-2-13分别为传送带控制的参考程序3、4。

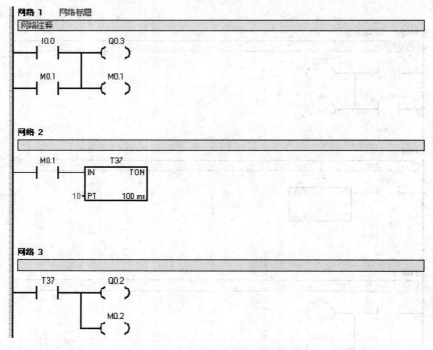

图5-2-12 传送带控制的参考程序3

○○○○○○○○○○○○○○○○○○○○○○○○○○○○○○

○○○○○○○○○○○○○○○○○○○○○○○○○○○○○○

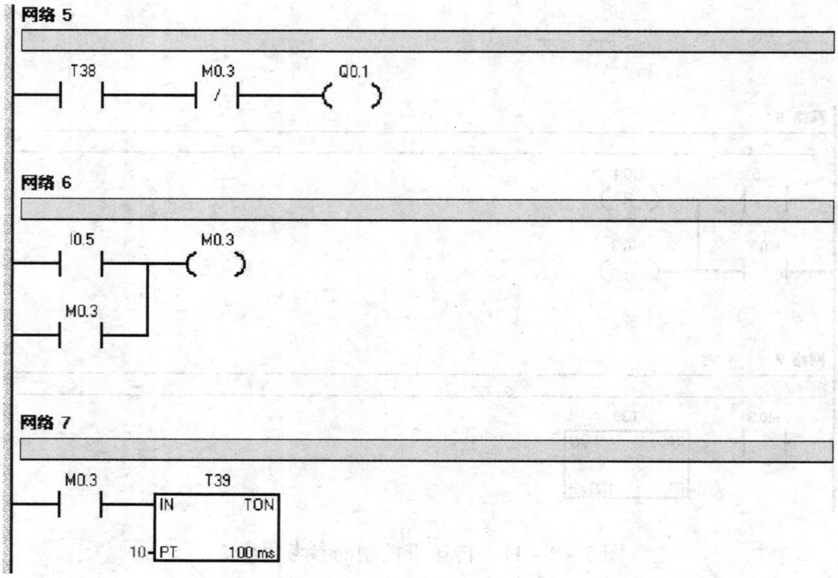

图5-2-13 传送带控制的参考程序4

○○○○○○○○○○○○○○○○○○○○○○○○○○○○○○

○○○○○○○○○○○○○○○○○○○○○○○○○○○○○○

1. 接线时必须关断实训台和模块电源开关。
2. 运行时如果出现问题,应先关断电源,再进行检查。

思考题

1. 如何使用编程时定时器?
2. 设计一个实际工业生产现场的传送带运行模式。

实训 3　机械手控制实训

实训目的

1. 学习机械手控制知识;
2. 学习机械手控制系统的 PLC 控制。

实训原理

1. 机械手及其工程背景

机械手研究始于 20 世纪中期,1947 年产生了遥控机械手,1948 年产生了机械式的主从机械手,1958 年美国联合控制公司研制出第一台机械手铆接机器人。1962 年美国 AMF 公司推出了"VERSTRAN",UNIMATION 公司推出了"UNIMATE",是机器人产品最早的实用机型。

机械手是一种能模仿人手和臂的某些动作功能,用以按固定程序抓取、搬运物件或操作工具的自动操作装置,如图 5 – 3 – 1 所示。它可以代替人的繁重劳动以实现生产的机械化和自动化,能在有害环境下操作以保护人身安全,因而广泛应用于机械制造、冶金、电子、轻工和原子能等部门。

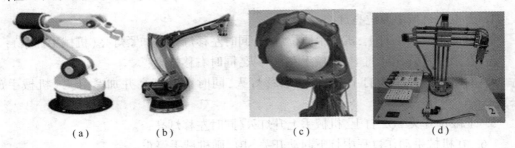

　　（a）　　　　　　　（b）　　　　　　　（c）　　　　　　　（d）

图 5 – 3 – 1　机械手

2. 机械手控制原理

机械手主要由手部、运动机构和控制系统三大部分组成,其控制系统可以由单片机、PLC、DSP、微机等智能设备实现。机械手的控制方式源自 1954 年美国戴沃尔提出的示教再现机器人的概念,即借助伺服技术控制机器人的关节,利用人手对机器人进行动作示教,机器人能实现动作的记录和再现。现有的机器人几乎都采用这种控制方式。

3. 实训中的机械手控制模拟装置

实验中的机械手动作模拟装置如图5-3-2所示。

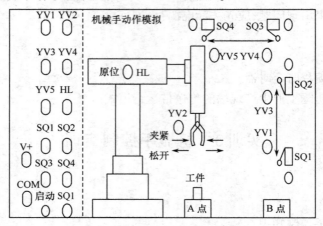

图5-3-2　机械手动作模拟装置

实训器材

序号	名　称	型号与规格	数　量	备　注
1	可编程控制器	S7-200CPU224	1	
2	主机模块	D68S	1	
3	机械手动作模拟模块	D66	1	
4	计算机		1	
5	导线		若干	

实训题目及内容

1. 上电后机械手原位亮灯;

2. 启动开关 SB1 打上,机械手原位灯灭,同时左移灯亮并加紧灯亮(机械手抓紧);

3. 左限位开关 SQ4 打上,机械手左移灯灭,同时右移灯亮;

4. 右限位开关 SQ3 打上,机械手右移灯灭,同时上升灯亮并加紧灯灭(机械手放松);

5. 上限位开关 SQ2 打上,机械手上升灯灭,同时左移灯亮;

*6. 在机械手动作过程中打下起动开关 SB1,则机械手停止。

实训步骤

1. 接线

(1)给机械手控制操作面板通电。将机械手控制面板的电源接至主机电源,接法见表5-3-1。

114

表 5 – 3 – 1　机械手控制面板通电

机械手控制面板	接至	主机电源
正极"V+"	→	正极"L+"
负极"COM"	→	负极"M"

（2）将机械手模拟装置的信号端与 PLC 的输入及输出端进行连接。接法如表 5 – 3 – 2所列。

表 5 – 3 – 2　机械手模拟装置输入输出信号

输入信号			输出信号		
功能	接至	PLC 输入点	功能	接至	PLC 输出点
启动开关 SB1	→	I0.0	原位指示灯 HL	→	Q0.0
下限位开关 SQ1		I0.1	下降电磁阀 YV1	→	Q0.1
上限位开关 SQ2	→	I0.2	夹紧/放松电磁阀 YV2	→	Q0.2
右限位开关 SQ3	→	I0.3	上升电磁阀 YV3	→	Q0.3
左限位开关 SQ4	→	I0.4	右移电磁阀 YV4	→	Q0.4
			左移电磁阀 YV5	→	Q0.5

（3）给 PLC 的 I/O 端子（即输入/输出端子）通电。

给 PLC 的 I/O 端子通电的方法是：将 I/O 端子的公共端接至主机电源，具体接法如表 5 – 3 – 2 所列。

公共端是一组 I/O 点的公共接线端子。如将（I0.0 ~ I0.7）的公共端 1M 端子接至主机电源正极"L+"，即是给（I0.0 ~ I0.7）这 8 个点全部通电。

注意：在表 5 – 3 – 3 中并不是所有的公共端都需要连接的，具体情况要看在表 5 – 3 – 2 中用到了哪些 I/O 端子。表 5 – 3 – 2 中没有用到的 I/O 端子，其公共端不必连接电源。

表 5 – 3 – 3　PLC 的 I/O 端子的公共端接线

	PLC 输入端		主机电源
输入端	（I0.0 ~ I0.7）的公共端 1M	→	正极"L+"
	（I1.0 ~ I1.7）的公共端 2M	→	正极"L+"
	（I2.0 ~ I2.3）的公共端 3M	→	正极"L+"
	（I2.4 ~ I2.7）的公共端 4M	→	正极"L+"
	PLC 输出端		主机电源
输出端	（Q0.0 ~ Q0.3）的公共端 1L	→	负极"M"
	（Q0.4 ~ Q0.6）的公共端 2L	→	负极"M"
	（Q0.7 ~ Q1.1）的公共端 3L	→	负极"M"
	（Q2.0 ~ Q2.3）的公共端 4L	→	负极"M"
	（Q2.4 ~ Q2.7）的公共端 5L	→	负极"M"

2. 编制程序并运行

编制程序并运行的方法同机电一体化实训中的实训 2，步骤：编程 → 编译 → 下载 → 开关回零 → 复位 → 运行。

实训4　自动售货机控制实训

实训目的

1. 学习自动售货机控制原理;
2. 掌握计数器指令的使用;
3. 学习采用 PLC 对自动售货机的模拟控制。

实训原理

1. 自动售货机及其工程背景

　　自动售货机(Vending Machine,VEM)是能根据投入的钱币自动付货的机器。自动售货机是商业自动化的常用设备,它不受时间、地点的限制,能节省人力、方便交易,是一种全新的商业零售形式,又被称为 24 小时营业的微型超市。自动售货机实物图如图 5 - 4 - 1所示。

图 5 - 4 - 1　自动售货机

2. 自动售货机控制原理

　　在实际生活中,常见的售货机可以销售一些简单的日用品,如饮料、食品、药品等。

售货机的基本功能就是对投入的货币进行运算,并根据货币数值判断是否能够购买某种商品,并作出相应的反应。例如,售货机中有几种商品,其中 1 号商品价格为 5.00 元,现投入硬币,当投入的硬币超过 1 号商品的价格时,1 号商品的选择按钮处有变化,提示可以购买,其他商品同理。当按下选择 1 号商品的价格时,售货机进行减法运算,从投入的货币总值中减去 1 号商品的价格同时启动相应的电动机,提取 1 号商品到出货口。此时,售货机继续等待外部命令,如继续交易,则同上,如此时不再交易而按下退币按钮,售货机则要进行退币操作,退回相应的货币,并在程序中清零,完成此次交易。

3. 实训中的自动售货机模拟装置

实训中的自动售货机模拟装置如图 5 - 4 - 2 所示。M1、M2、M3 三个复位按钮表示投入自动售货机的人民币面值,Y0 货币指示(如按下 M1 则 Y0 显示 1),自动售货机里有汽水(3 元/瓶)和咖啡(5 元/瓶)两种饮料,当 Y0 所显示的值大于或等于这两种饮料的价格时,C 或 D 发光二极管会点亮,表明可以购买饮料;按下汽水按钮或咖啡按钮表明购买饮料,此时 A 或 B 发光二极管会点亮,E 或 F 发光二极管会点亮,表明饮料已从售货机取出。

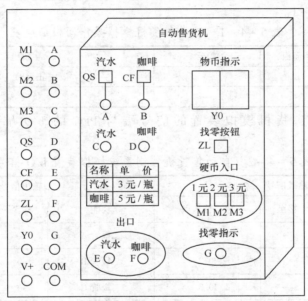

图 5 - 4 - 2　自动售货机模拟装置

实训器材

序号	名　称	型号与规格	数　量	备注
1	可编程控制器	S7 - 200CPU224	1	
2	主机模块	D68S	1	
3	自动售货机模拟模块	D66	1	
4	计算机		1	
5	导线		若干	

实训题目及内容

自动售货机模拟控制设计功能要求:

1. 用增计数器计满 3 个 1 元后,C 点亮,表示可买汽水;
2. 按下汽水按钮 QS,A 点亮,表示要购买汽水;
3. 延时 2s,E 点亮,表示汽水送出。
4. 用 I0.7(或者其他)让增计数器停止工作,C 灭灯。
*5. C 灭灯后延时 2s,A、E 灭灯。
*6. 用减计数器计满 5 个 1 元后,C 和 D 同时点亮,表示可以购买汽水和咖啡。

实训步骤

1. 接线

(1)给自动售货机模拟操作面板通电。将自动售货机控制面板的电源接至主机电源,接法见表 5－4－1。

表 5－4－1　自动售货机模拟操作面板通电

自动售货机模拟操作面板	接至	主机电源
正极"V＋"	→	正极"L＋"
负极"COM"	→	负极"M"

(2)将自动售货机模拟装置的信号端与 PLC 的 I/O 端进行连接。接法见表 5－4－2。

表 5－4－2　自动售货机控制系统模拟装置 I/O 信号

输入信号			输出信号		
功能	接至	PLC 输入点	功能	接至	PLC 输出点
1 元按钮 M1	→	I0.1	二极管 A	→	Q0.1
2 元按钮 M2	→	I0.2	二极管 B	→	Q0.2
3 元按钮 M3	→	I0.3	二极管 C	→	Q0.3
汽水按钮 QS	→	I0.4	二极管 D	→	Q0.4
咖啡按钮 CF	→	I0.5	二极管 E	→	Q0.5
			二极管 F	→	Q0.6

(3)给 PLC 的 I/O 端子(I/O 端子)通电。

PLC 的 I/O 端子通电的方法:将 I/O 端子的公共端接至主机电源,具体接法如表 5－4－3所列。

公共端是一组 I/O 点的公共接线端子。如将(I0.0～I0.7)的公共端 1M 端子接至主机电源正极"L＋",即是给(I0.0～I0.7)通上电了。

注意:在表 5－4－3 中并不是所有的公共端都需要连接的,具体情况要看在表 5－4－2中用到哪些 I/O 端子,若没有用到的 I/O 端子,则其公共端就不必连接电源。

118

表 5 - 4 - 3　PLC 的 I/O 端子的公共端接线

	PLC 输入端		主机电源
输入端	（I0.0～I0.7）的公共端 1M	→	正极"L＋"
	（I1.0～I1.7）的公共端 2M	→	正极"L＋"
	（I2.0～I2.3）的公共端 3M	→	正极"L＋"
	（I2.4～I2.7）的公共端 4M	→	正极"L＋"
输出端	PLC 输出端		主机电源
	（Q0.0～Q0.3）的公共端 1L	→	负极"M"
	（Q0.4～Q0.6）的公共端 2L	→	负极"M"
	（Q0.7～Q1.1）的公共端 3L	→	负极"M"
	（Q2.0～Q2.3）的公共端 4L	→	负极"M"
	（Q2.4～Q2.7）的公共端 5L	→	负极"M"

2. 编制程序并运行

编制程序并运行的方法同机电一体化实训中的实训 2, 步骤: 编程 → 编译 → 下载 → 开关回零 → 复位 → 运行。

实训注意事项

1. 接线时必须关断实验台和模块电源开关。
2. 运行时如果出现问题, 应先关断电源, 再进行检查。

思考题

1. 怎样使用编程时计数器?
2. 如果想让自动售货机模拟装置上的数码管对应显示投币的个数, 应怎样编程实现?

实训 5　液体混合控制实训

实训目的

1. 学习液体混合控制知识;
2. 学习液体混合控制的 PLC 编程。

实训原理

1. 液体混合系统及其工程背景

多种液体的混合广泛应用于化工、化肥、油田、炼油、农药、兽药、涂料、颜料、染料、冶金、冶炼、矿山、建材、饲料、养殖业、医药、生物工程、食品、玻璃以及新材料等领域。液体混料比例的精确性和均匀性是产品质量的关键, 同时也是产品品质一致性的保障。

液体混合系统的发展经历了以下几个阶段。

119

（1）完全由人工操作的传统的液体混合装置：人工操作在配料、混料等阶段存在诸多不确定因素，产品质量无法保证，废品多、人工投入大。

（2）基于继电接触器控制的液体混合装置：由于继电接触装置全部为硬件接线，体积较大。需要经常维修，抗干扰能力差，系统升级改造困难。

（3）基于 PLC 的液体混合装置：系统体积小，可靠性高，抗干扰能力强，适于恶劣环境。配料、混料的过程完全由 PLC 编程控制，系统精度高，产品质量得到保证。软件编程灵活易改，利于系统的升级改造。

液体混合控制实物如图 5 – 5 – 1 所示。

图 5 – 5 – 1　液体混合控制仪器

2. 液体混合控制原理

液体混合装置将两种或两种以上的液体按照一定的比例进行混合，其控制系统可以用 PLC 为核心来实现，利用 PLC 编程设计来控制各种液体的比例以及混合的时间。以两种液体的混合控制为例，将两种液体按一定比例混合，经过电动机搅拌混合均匀后将混合的液体输出至容器，并形成循环状态。

3. 实训中的液体混合模拟装置

实训中的液体混合模拟装置如图 5 – 5 – 2 所示。

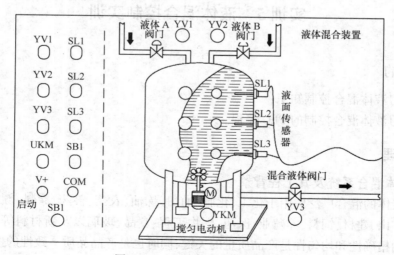

图 5 – 5 – 2　液体混合模拟装置

序号	名 称	型号与规格	数 量	备 注
1	可编程控制器	S7 - 200CPU224	1	
2	主机模块	D68S	1	
3	液体混合装置模块	D66	1	
4	计算机		1	
5	导线		若干	

实训题目及内容

液面混合控制设计功能要求:

1. 打上启动开关 SB1,装置开始运行,混合液体阀门打开,经过 5s 将容器放空后混合液体阀门关闭;

2. 同时液体 A 阀门打开,液体 A 流入容器;

3. 当 A 液面到达 SL2 时,SL2 接通,关闭液体 A 阀门,打开液体 B 阀门;

*4. 当 B 液面到达 SL1 时,关闭液体 B 阀门,搅动电动机开始搅动;

*5. 搅动电动机工作 6s 后停止搅动,混合液体阀门打开,开始放出混合液体;

*6. 当液面下降到 SL3 时,SL3 由接通变为断开,再过 5s 后,容器放空,混合液体阀门关闭,重复第 2 步开始下一周期;

7. 打下启动开关 SB1,则液体混合装置停止工作。

实训步骤

1. 接线

(1)给液体混合控制操作面板通电。将液体混合控制操作面板的电源接至主机电源,接法见表 5 - 5 - 1。

表 5 - 5 - 1 液体混合控制操作面板通电

液体混合控制操作面板	接至	主机电源
正极"V +"	→	正极"L +"
负极"COM"	→	负极"M"

(2)将液体混合控制装置的信号端与 PLC 的 I/O 端进行连接,接法见表 5 - 5 - 2。

表 5 - 5 - 2 液体混合模拟装置 I/O 信号

输入信号			输出信号		
功能	接至	PLC 输入点	功能	接至	PLC 输出点
启动/停止按钮 SB1	→	I0.0	液体 A 阀门电磁阀 YV1	→	Q0.0
液面传感器 SL1	→	I0.1	液体 B 阀门电磁阀 YV2	→	Q0.1
液面传感器 SL2	→	I0.2	混合液体阀门电磁阀 YV3	→	Q0.2
液面传感器 SL3	→	I0.3	搅拌电动机 YKM	→	Q0.3

（3）给 PLC 的 I/O 端子(I/O 端子)通电。

给 PLC 的 I/O 端子通电的方法是:将 I/O 端子的公共端接至主机电源,具体接法见表 5 - 5 - 3。

公共端是一组 I/O 点的公共接线端子。如将(I0.0 ~ I0.7)的公共端 1M 端子接至主机电源正极"L +",即是给(I0.0 ~ I0.7)通电。

注意:在表 5 - 5 - 3 中并不是所有的公共端都需要连接的,具体情况要看在表 5 - 5 - 2 中所用到了哪些 I/O 端子,若没有用到的 I/O 端子,则其公共端就不必连接电源。

表 5 - 5 - 3　PLC 的 I/O 端子的公共端接线

	PLC 输入端		主机电源
输入端	(I0.0 ~ I0.7)的公共端 1M	→	正极"L +"
	(I1.0 ~ I1.7)的公共端 2M	→	正极"L +"
	(I2.0 ~ I2.3)的公共端 3M	→	正极"L +"
	(I2.4 ~ I2.7)的公共端 4M	→	正极"L +"
	PLC 输出端		主机电源
输出端	(Q0.0 ~ Q0.3)的公共端 1L	→	负极"M"
	(Q0.4 ~ Q0.6)的公共端 2L	→	负极"M"
	(Q0.7 ~ Q1.1)的公共端 3L	→	负极"M"
	(Q2.0 ~ Q2.3)的公共端 4L	→	负极"M"
	(Q2.4 ~ Q2.7)的公共端 5L	→	负极"M"

2. 编制程序并运行

编制程序并运行的方法同机电一体化实训中的实训 2,步骤:编程 → 编译 → 下载 → 开关回零 → 复位 → 运行。

实训注意事项

1. 接线时必须关断实验台和模块电源开关。
2. 运行时如果出现问题,应先关断电源,再进行检查。

思考题

1. 启动开关在使用时先打上,后又打下,编程时如何处理这种多次使用同一个开关的问题?
2. 请说明:在液体混合控制系统中,液面传感器的作用是什么?

实训 6　电梯控制实训

实训目的

1. 学习电梯控制的知识;

2. 学习三层楼电梯的PLC设计。

实训原理

1. 电梯及其控制工程背景

电梯是一种以电动机为动力的垂直升降机,装有箱状吊舱,用于多层建筑乘人或载运货物,也有台阶式,踏步板装在履带上连续运行,俗称自动电梯。图5-6-1为电梯实物图。

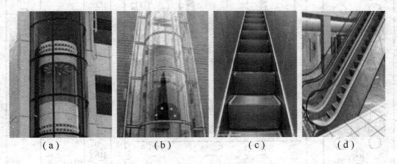

（a）　　　　　（b）　　　　　（c）　　　　　（d）

图5-6-1　电梯实物图

1852年,美国的E. G. 奥蒂斯研制出钢丝绳提升的安全升降机。1889年12月,美国奥的斯电梯公司制造出了名副其实的电梯。20世纪80年代,电梯驱动装置有进一步改进,如电动机通过蜗杆传动带动缠绕卷筒、采用平衡重等。19世纪末,电梯采用了摩擦轮传动,大大增加电梯的提升高度。

未来将会有更多的新技术应用在电梯上,其控制系统将更加智能化,速度也会越来越快,环保的绿色电梯也将得到普及。

2. 电梯控制原理

现代电梯主要由曳引机(绞车)、导轨、对重装置、安全装置、信号操纵系统、轿厢与厅门等组成。电梯要求安全可靠、输送效率高、平层准确和乘坐舒适等。电梯控制系统的基本功能有:

（1）在乘梯楼层,按上方向或下方向箭头按钮,等待电梯到来。只要按钮上的灯亮,就表明呼叫已被记录。

（2）电梯到达开门后,进入轿厢,按下轿厢内操纵盘上相应的数字按钮,等电梯到达。同样,只要该按钮灯亮,则表明选层已被记录。

（3）电梯行驶到目的层后自动开门,结束了一个乘梯过程。

3. 实训中的电梯模拟装置

实训中的电梯模拟装置如图5-6-2所示。

电梯由安装在各楼层厅门口的上升和下降呼叫按钮进行呼叫操纵,其操纵内容为电梯运行方向。电梯轿厢内设有楼层内选按钮S1~S3,用以选择需停靠的楼层。L1为一层指示、L2为二层指示、L3为三层指示,SQ1~SQ3为到位行程开关。

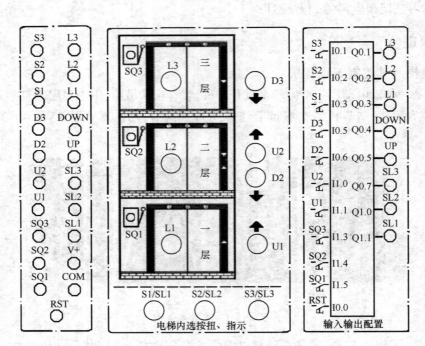

图 5 – 6 – 2　三层电梯模拟装置

实训器材

序号	名　称	型号与规格	数　量	备　注
1	可编程控制器	S7 – 200CPU224	1	
2	主机模块	D68S	1	
3	电梯控制模拟装置	D68S	1	
4	计算机		1	
5	导线		若干	

实训题目及内容

电梯控制设计功能要求。

1. 打上 SQ1 开关,电梯停在一楼(L1 灯亮)。

2. 一人进入电梯,按电梯内选按钮 S2,电梯内选指示灯 SL2 亮。

打下 SQ1,电梯离开一楼(L1 灯灭)并上升,上升指示灯 UP 点亮。

打上 SQ2,电梯到二楼(L2 灯亮),SL2 灯灭,UP 灯灭。人出电梯。

3. 另一人在三楼,按下三楼下呼按钮 D3,三楼下呼响应指示灯 DN3 亮。

打下 SQ2,电梯离开二楼(L2 灯灭)并上升,上升指示灯 UP 点亮。

打上 SQ3,电梯到三楼(L3 灯亮),DN3 灯灭,UP 灯灭。

● 实训步骤

1. 接线

（1）给电梯控制操作面板通电。将电梯控制操作面板的电源接至主机电源，接法见表5-6-1。

表5-6-1 电梯控制操作面板通电

电梯控制操作面板	接至	主机电源
正极"V+"	→	正极"L+"
负极"COM"	→	负极"M"

（2）将电梯控制装置的信号端与PLC的I/O端进行连接。接法见表5-6-2。

表5-6-2 电梯模拟装置I/O信号

输入信号			输出信号		
功能	接至	PLC输入点	功能	接至	PLC输出点
二楼内选按钮S2	→	I0.2	一楼指示灯L1	→	Q0.1
三楼下呼按钮D3	→	I0.5	二楼指示灯L2	→	Q0.2
一楼行程开关SQ1	→	I1.3	三楼指示灯L3	→	Q0.3
二楼行程开关SQ2	→	I1.4	三楼下呼指示灯DN3	→	Q0.4
三楼行程开关SQ3	→	I1.5	电梯上升指示灯UP	→	Q0.5
			二楼内选指示灯SL2	→	Q1.0

（3）给PLC的I/O端子（即输入输出端子）通电。

PLC的I/O端子通电的方法：将I/O端子的公共端接至主机电源，具体接法见表5-6-3。

公共端是一组I/O点的公共接线端子。如将(I0.0～I0.7)的公共端1M端子接至主机电源正极"L+"，即是给(I0.0～I0.7)通上电了。

注意：在表5-6-3中并不是所有的公共端都需要连接的，具体情况要看在表5-6-2中所用到了哪些I/O端子若没有用到的I/O端子，则其公共端就不必连接电源。

表5-6-3 PLC的I/O端子的公共端接线

	PLC输入端		主机电源
输 入 端	(I0.0～I0.7)的公共端1M	→	正极"L+"
	(I1.0～I1.7)的公共端2M	→	正极"L+"
	(I2.0～I2.3)的公共端3M	→	正极"L+"
	(I2.4～I2.7)的公共端4M	→	正极"L+"
	PLC输出端		主机电源
输 出 端	(Q0.0～Q0.3)的公共端1L	→	负极"M"
	(Q0.4～Q0.6)的公共端2L	→	负极"M"
	(Q0.7～Q1.1)的公共端3L	→	负极"M"
	(Q2.0～Q2.3)的公共端4L	→	负极"M"
	(Q2.4～Q2.7)的公共端5L	→	负极"M"

125

2. 编制程序并运行

编制程序并运行的方法同项目五中实训 2；步骤：编程 → 编译 → 下载 → 开关回零 → 复位 → 运行。

实训注意事项

1. 接线时必须关断实训台和模块电源开关。
2. 运行时如果出现问题,应先关断电源,再进行检查。

思考题

1. 电梯在运行时一般会遇到哪些常见的状况?
2. 描述一下生活中电梯的控制方法。

项目六　数控机床电气故障诊断实训

实训1　数控机床进给伺服驱动实训

实训目的

1. 学习数控机床及伺服驱动的基础知识；
2. 学习 FANUC 0i – C/D 实验系统结构与操作；
3. 学习 FANUC 0i – C/D 系统伺服驱动单元参数设置。

实训原理及装置

1. 数控机床电气故障诊断基础

数控机床是高度机电一体化的技术装备，能实现机械加工的高速度、高精度和高度自动化，其水平代表了一个国家制造业现代化的程度。目前数控机床种类繁多、结构各异，形式多变，给测试和监控带来了许多困难。数控机床电气故障诊断技术，就是在数控机床运行中或基本不拆卸的情况下，即可掌握电气系统运行状态的信息，查明产生故障部位和原因，以便维修人员或操作人员尽快地进行故障的修复。

由于数控机床的投资比普通机床高得多，因此降低数控机床故障率，缩短故障修复时间，提高机床利用率非常重要。

2. 数控机床进给伺服系统基础

数控机床进给伺服系统主要由伺服驱动控制系统与数控机床进给机械传动机构两大部分组成。机床进给机械传动机构通常由滚珠丝杠、机床导轨和工作台拖板等组成。对于伺服驱动控制系统，按照有无检测反馈元件，可分为开环、闭环两种控制方式，而检测元件位置不同，闭环伺服系统又分为半闭环、全闭环，图 6 – 1 – 1 为全闭环、半闭环控制系统。驱动元件有直流伺服电动机和交流伺服电动机。

3. 数控机床及伺服系统常见故障

数控机床常见的电气故障主要有数控系统故障、伺服系统故障、位置检测装置故障等。伺服系统故障一般有超程、过载、窜动、爬行、振动、伺服电动机不转、速度、位置发生误差等故障现象。

4. 调试与故障维修的一般方法

1）直接法

维修人员通过故障发生时的各种光、声、味等异常现象的观察，认真察看系统的各个部分将故障范围缩小到一个模块或一块印制电路板。

127

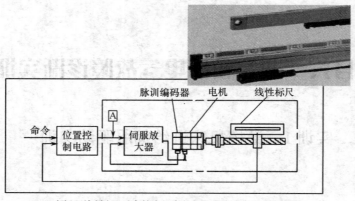

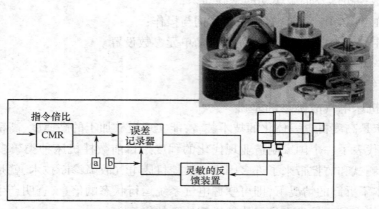

（a）全闭环控制（用于高精度机床）光栅尺／感应同步器反馈

（b）半闭环控制（用于一般数控机床）编码器／旋转编码器反馈

图 6 - 1 - 1　全闭环、半闭环控制系统

2）利用机床参数维修

无论哪个公司的 CNC 系统都有大量的参数,这些参数设置正确与否直接影响到数控机床的正常使用和性能的发挥。在机床使用一段时间后,有些参数需要适当的调整或重新设置,否则会影响机床的使用性能。

3）参数检查法

数控系统发现故障时应及时核对系统参数,系统参数的变化会直接影响到机床的性能,甚至使机床不能正常工作,出现故障,参数通常存放在磁泡存储器或由电池保持的 CMOSRAM 中,一旦外界干扰或电池电压不足,会使系统参数丢失或发生变化而引起混乱现象,通过核对,修正参数,就能排除故障。

4）交换法

交换法就是在分析出故障大致起因的情况下,利用备用的印制电路板、模板、集成电路芯片或元件替换有疑点的部分,从而把故障范围缩小到印制电路板或芯片一级。

5）原理分析法

根据 CNC 组成原理,从逻辑上分析各点的逻辑电平和特征参数,从系统各部件的工作原理着手进行分析和判断,确定故障部位的维修方法。这种方法的运用,要求维修人员对整个系统或每个部件的工作原理都有清楚的、较深入的了解,才可能对故障部位进行定位。

5. FANUC 伺服驱动单元

伺服驱动单元如图 6 – 1 – 2 所示。驱动接口说明如下:

(1) L1、L2、L3、PE:驱动主电源,三相 AC220V;

(2) DCC/DCP:再生型放电电阻;

(3) CXA20:再生型放电电阻;

(4) U、V、W、PE:电动机电源;

(5) CX29:驱动就绪信号;

(6) CX30:接外部急停;

(7) CXA19A/CXA19B:控制单元 DC24V;

(8) COP10B/COP10A:光缆连接口;

(9) JF1:电动机编码器反馈接口。

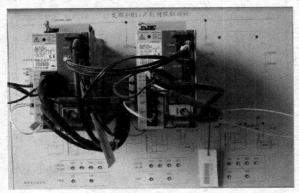

图 6 – 1 – 2　伺服驱动单元

图 6 – 1 – 3 为数字伺服系统结构框图;图 6 – 1 – 4 为速度环结构框图。

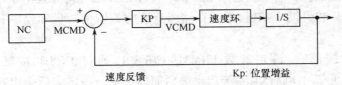

图 6 – 1 – 3　数字伺服系统结构框图

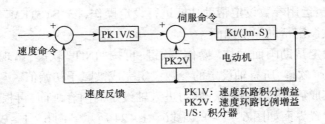

图 6 – 1 – 4　速度环结构框图

实训器材

序号	名　称	型号与规格	数　量	备　注
1	数控机床综合实训系统	RS－SY－Oi C/Oi mate C	1	
2	数控机床综合实训系统	RS－SY－Oi D/Oi mate D	1	
3	光纤线			

实训内容及步骤

学习根据系统参数对伺服驱动单元进行基本调试：

（1）检查系统、伺服驱动单元和电动机的连接是否正确，然后通电。

（2）打开写保护。在紧急停止状态下，接通电源。按功能键"OFFSET/SETTING"，将切换状态旋钮打至"MDA"模式，再按"　设定"软键，出现图6－1－5所示界面，将写参数一项改为"1"。

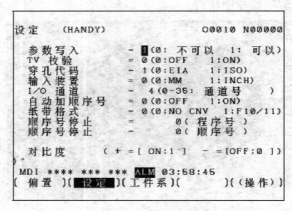

图6－1－5　参数设定界面

（3）存储器全清操作：同时按下"RESET"→"DELETE"键，并且给系统上电。直到系统上电启动完成后松开两个按键，系统存储器全清（参数/偏置量和程序）完成，全清后一般会报警。

（4）设定系统语言：设定参数 PRM3190#6＝1，通过 INPUT 按键来输入数字如图6－1－6所示，重新上电启动，系统启动显示简体中文。设定完后会出现000号请关闭电源报警，如图6－1－7所示。

（5）参数设定：运用参数设定帮助功能进行设定操作，按"SYSTEM"功能键会循环出现参数、诊断、参数设定帮助三个画面。

在出现参数设定帮助画面时按"操作"软键，再按"INIT"软键，出现"是否设定初始值？"信息，按"执行"软键，所有轴设定的参数设定完成被赋予初始值。

初始值设定完成后，按"选择"软键后，进入轴设定的内容画面，再根据机床需要设定一些参数。参数设置界面如图6－1－8～图6－1－24所示。图6－1－25为JOG进给加减速F2速度设置。

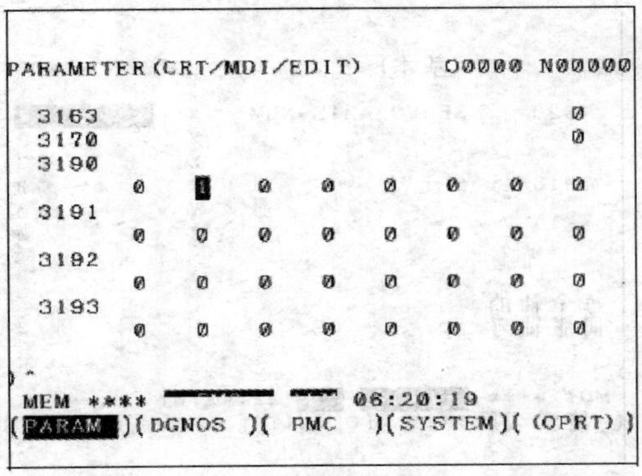

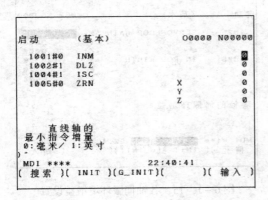

图 6-1-6　中文显示参数修改界面

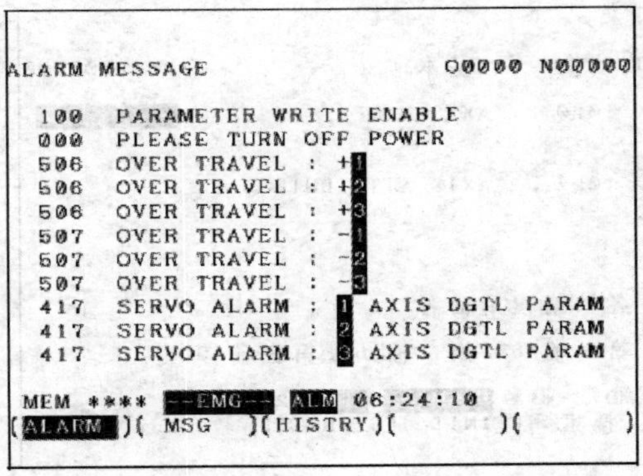

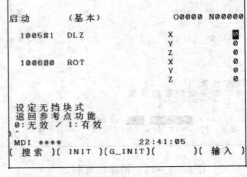

图 6-1-7　出现 000 号报警界面

轴设定"AXIS SETTING"项,轴设定里面有以下 4 个组分别有基本组(BASIC)、坐标系组(COORDINATE)、进给速度组(FEED RATE)、加/减速组(ACC./DEC.),对每一组参数分别进行设定。

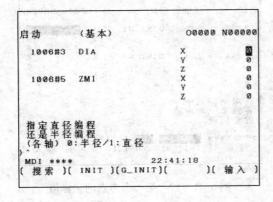

图 6-1-8　直线轴最小增量设置

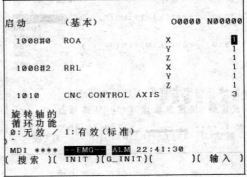

图 6-1-9　无挡块式返回参考点功能设置

(截图以铣床为准,若操作对象为车床,则只有 X、Z 轴)

图 6-1-10　直径/半径编程指定

图 6-1-11　旋转轴循环功能设置

131

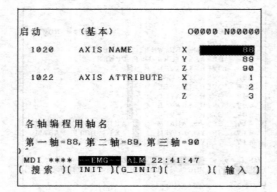

图 6-1-12 各轴编程名设置

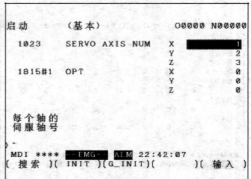

图 6-1-13 各轴伺服轴号设置

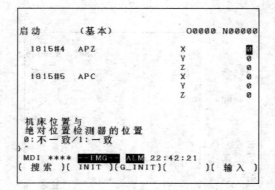

图 6-1-14 机床位置制定

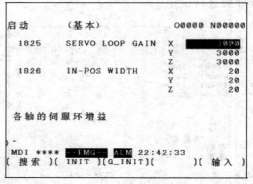

图 6-1-15 各轴伺服环境增益设置

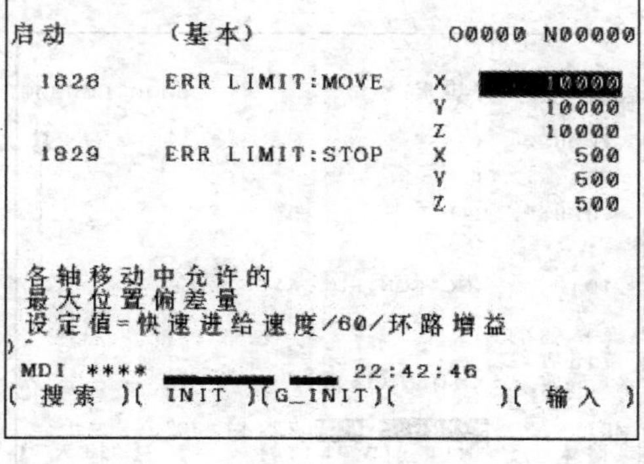

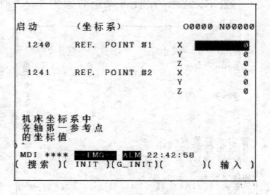

图 6-1-16 轴偏差量设置

图 6-1-17 第一参考点的坐标值

启动　　　　（坐标系）　　　　O0000 N00000

1260　　AMOUNT OF 1 ROT　X　　360000
　　　　　　　　　　　　　　Y　　360000
　　　　　　　　　　　　　　Z　　360000

1320　　LIMIT 1+　　　　　X　9999999
　　　　　　　　　　　　　　Y　9999999
　　　　　　　　　　　　　　Z　9999999

旋转轴每一转
的移动量
标准设定:360000(IS-B)/3600000(IS-C)

MDI ****　--EMG-- ALM 22:43:10
（ 搜索 ）（ INIT ）（G_INIT）（　　）（ 输入 ）

图6-1-18　移动量标准设定

启动　　　　（坐标系）　　　　O0000 N00000

1321　　LIMIT 1-　　　　　X　-9999999
　　　　　　　　　　　　　　Y　-9999999
　　　　　　　　　　　　　　Z　-9999999

各轴负方向
存储行程检测1的
坐标值

MDI ****　--EMG-- ALM 22:43:22
（ 搜索 ）（ INIT ）（G_INIT）（　　）（ 输入 ）

图6-1-19　负方向行程检测下的坐标值

启动　　　　（进给速度）　　　O0000 N00000

1401#6　RDR　　　　　　　　　　　0
1410　　DRY RUN RATE　　　　　5000
1420　　RAPID FEEDRATE　　X　5000
　　　　　　　　　　　　　　Y　5000
　　　　　　　　　　　　　　Z　5000
1421　　RAPID OVRRIDE F0　X　500
　　　　　　　　　　　　　　Y　500
　　　　　　　　　　　　　　Z　500

空运行在快速运行中

0:无效(标准) / 1:有效

MDI ****　--EMG-- ALM 22:43:35
（ 搜索 ）（ INIT ）（G_INIT）（　　）（ 输入 ）

图6-1-20　快速运行中空运行设置

启动　　　　（进给速度）　　　O0000 N00000

1422　　MAX CUT FEEDRATE　　　　0
1423　　JOG FEEDRATE　　　X　1000
　　　　　　　　　　　　　　Y　1000
　　　　　　　　　　　　　　Z　1000
1424　　MANUAL RAPID F　　X　5000
　　　　　　　　　　　　　　Y　5000
　　　　　　　　　　　　　　Z　5000

所有轴的最大
切削进给速度

MDI ****　--EMG-- ALM 22:43:49
（ 搜索 ）（ INIT ）（G_INIT）（　　）（ 输入 ）

图6-1-21　最大切削进给速度设置

启动　　　　（进给速度）　　　O0000 N00000

1425　　REF. RETURN FL　　X　400
　　　　　　　　　　　　　　Y　400
　　　　　　　　　　　　　　Z　400

各轴回零的
FL速度

MDI ****　--EMG-- ALM 22:44:01
（ 搜索 ）（ INIT ）（G_INIT）（　　）（ 输入 ）

图6-1-22　各轴回零速度设置

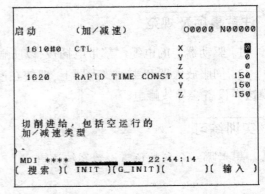

启动　　　　（加/减速）　　　　O0000 N00000

1610#0　CTL　　　　　　　　X　0
　　　　　　　　　　　　　　Y　0
　　　　　　　　　　　　　　Z　0
1620　　RAPID TIME CONST　X　150
　　　　　　　　　　　　　　Y　150
　　　　　　　　　　　　　　Z　150

切削进给，包括空运行的
加/减速类型

MDI ****　　　　　　　　22:44:14
（ 搜索 ）（ INIT ）（G_INIT）（　　）（ 输入 ）

图6-1-23　轴运动的加速减速设置

　　重新启动完成后,进入参数设定帮助画面,选择至伺服设定菜单,按"操作"软键,再按"选择"软键,进入伺服设定画面,再按软键扩展" > "键,再按"切换"软键,进入伺服设定画面。根据机床要求设定伺服参数,如图6-1-26所示。

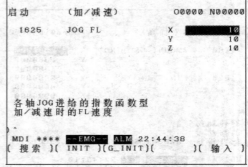

图6-1-24 加减速常数设置 　　　图6-1-25 JOG进给加减速F2速度设置

设定完后重启系统会增加出现417号报警。对PRM1022和PRM1023号参数进行修改,根据车床实际情况将Z值修改成2。完成后关机重启,417号可消除。

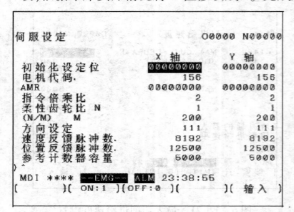
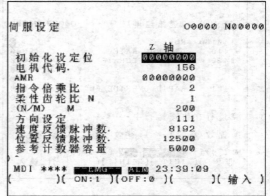

图6-1-26 伺服参数设定

注意事项及规范

1. 驱动器上的电缆严禁带电插拔,以防触电和驱动烧毁。

2. 伺服放大器和主轴放大器上,即使在断开电源稍过一会之后仍然有残余电压,触摸这类设备会导致触电。

实训练习

思考哪一个参数负责设置系统语言?

实训2　数控机床主轴驱动及变频器实训

实训目的

1. 学习机床主轴的工作原理;

2. 学习机床交流变频器的工作原理及参数设置。

实训原理及装置

1. 机床主轴

一般用于给机床加工提供动力,通常主轴驱动被加工工件旋转的是车削加工,所对应的机床是车床类;主轴驱动切削工件旋转的是铣削加工,所对应的机床是铣床类。主轴电动机通常有普通电动机与标准主轴电主机两种(与之对应的驱动装置也分为开环与闭环两种)。

2. 数控机床主轴电气控制

就电气控制而言,机床主轴的控制是有别于机床伺服轴的。一般情况下,机床主轴的控制系统为速度控制系统,而机床伺服轴的控制系统为位置控制系统。

3. 主轴类型

作为主轴的控制分两路控制,一路是串行主轴的控制,一路是模拟主轴的控制,其电气连接如图 6-2-1 所示。

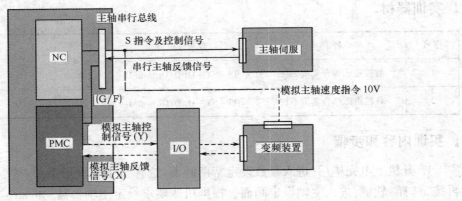

图 6-2-1　主轴控制框图

串行主轴的速度指令是由 NC 以数字形式发送给主轴放大器的,S 指令主要控制主轴速度。

4. 交流变频器工作原理

变频器是把电压、频率固定的交流电变换成电压、频率分别可调的交流电的变换器。根据公式: $n = 60f/p$ 可知,交流异步电动机的转速与电源频率 f 成正比与电动机的极对数成反比,因此,改变电动机的频率可调节电动机的转速。变频器由主电路(包括整流器、中间直流环节、逆变器)和控制电路组成(图 6-2-2)。

5. 数控机床主轴变频单元

主轴变频器如图 6-2-3 所示。

(1) 本试验台采用的是三菱公司生产的 FR-S500 变频器,是具有免测速机矢量控制功能的通用型变频器。它可以计算出所需输出电流及频率的变化量以维持所期望的电动机转速,而不受负载条件变化的影响。

(2) 通常交流变频器将普通电网的交流电能变为直流电能,再根据需要转换成相应

135

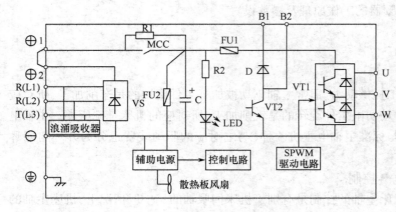

图 6 - 2 - 2　变频器电路原理图　　　　　　图 6 - 2 - 3　主轴变频器

的交流电能,驱动电动机运转。电动机的运转信息可以通过相应的传感元件反馈至变频器进行闭环调节。

实训器材

序号	名　称	型号与规格	数　量	备注
1	数控机床综合实训系统	RS - SY - Oi D/Oi mate D	1	
2	数控机床综合实训系统	RS - SY - Oi D/Oi mate D	1	

实训内容和步骤

1. 开机上电完毕后,进入参数设定帮助画面,选择至主轴设定菜单,按"操作"软键,再按"选择"软键,进入主轴设定画面。根据机床要求设定主轴参数,如图 6 - 2 - 4 所示,输入完毕后,按"设定"软键,出现 000 号请关闭电源报警。

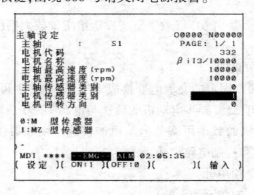

图 6 - 2 - 4　主轴设定界面及其参数

2. 设定完轴设定后,将画面调至参数画面对 PRM8133#0 号参数进行修改,将值修改成 1。对 PRM3003 号参数进行修改,设定 PRM3003 = 00001101。参数号及其含义如表 6 - 2 - 1所列。

表 6 - 2 - 1　8133 及 3003 参数含义

参数号	参数名	参数含义	初始值	设定值
8133#0	SSC	是否使用恒线速控制功能	0	1
3003#0	ITL	互锁信号(1:无效)	0	1
3003#2	ITX	各轴互锁信号(1:无效)	0	1
3003#3	DIT	各轴方向互锁信号(1:无效)	0	1

3. 设定完成后再手轮相关的参数设定一下,设定 PRM8131#0 = 1、PRM7110 = 1、PRM7113 = 100、PRM7114 = 100。

4. 主轴调整:根据机床机械结构要求,主轴的最高转速为 3000r/min,但主电机的最高转速为 10000r/min,远远大于主轴的最高转速,所以要设定此参数主轴的最高转速。设定参数 3772RPM = 2000。以上四步完成后,将机床重启。

5. 变频器操作

操作面板各按键与旋钮的使用说明如图 6 - 2 - 5 所示。

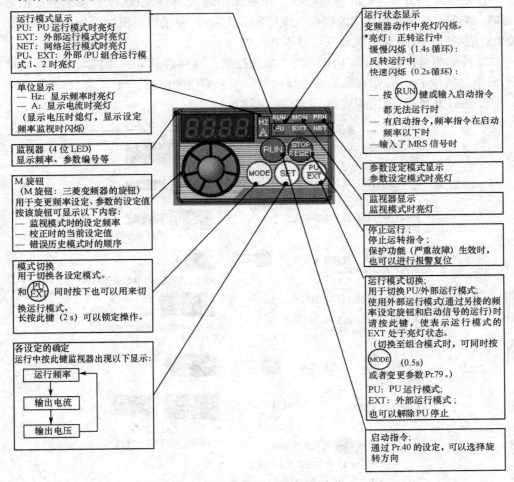

图 6 - 2 - 5　操作面板使用说明

(1) 使用操作面板修改参数,具体步骤如图 6 - 2 - 6 所示。

（2）熟悉变频器的三种启动方式。

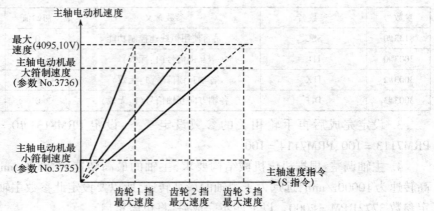

图 6 - 2 - 6　系统程序控制主轴电机转速关系曲线

① 系统发出 0 ~ 10V 的模拟电压。在系统中编入 M03 S500 以后系统会根据参数 #3741 ~ #3744 换算成相对应的模拟电压（图 6 - 2 - 6），变频器再根据对应的模拟电压来输出对应的频率及电压来驱动三相异步电动机。

② 外部的模拟电压（0 ~ 10V），调节旋钮控制。这种启动方式原理与第一种有些相似，只不过将原本 CNC 给变频器的电压由外部调节旋钮来控制。

③ 通过变频器"设定用旋钮"来控制，见图 6 - 2 - 7。

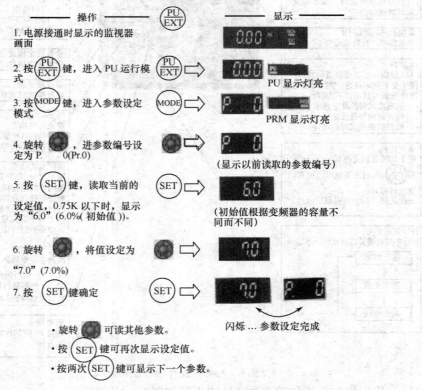

图 6 - 2 - 7　变频器控制主轴电动机转速操作步骤

138

（3）参数禁止写入。在变频器使用过程中为防止参数值被修改,可通过设定参数Pr. 77"参数写入禁止选择","0"仅限于PU运行模式的停止中可以写入;

"1"不可写入参数,Pr. 22、Pr. 30、Pr. 75、Pr. 77、Pr. 79;

"2"即使运行时也可以写入,与运行模式无关均可写入。

注意事项及规范

1. 摆放时应小心轻放,不能有较大的冲击和振动,以防损坏玻璃光栅盘,造成报废。

2. 普通车床车床主轴的转速必须小于主轴脉冲发生器的最高允许转速,以免损坏脉冲发生器。

3. 当通电或正在运行时,请勿打开前盖板,否则会发生触电。

4. 在前盖板或配线盖板打开的情况下严禁运行机器,因为高压端子以及充电部裸露,可能引触电事故。

5. 即使电源处于断开时,除接线,定期检查外,请不要拆下前盖板,否则,由于接触变频器带电回路可能造成触电事故。

实训练习

简述变频器的工作原理。

实训 3　PMC 参数设定实训

实训目的

1. 学习全功能数控机床 PMC 的概念;

2. 学习 FANUC 0i C/0i mate C 系列数控系统基本的 PMC 参数设定。

实训原理及装置

1. PMC

PMC 与 PLC 非常相似,因为专用于机床,所以称为可编程序机床控制器。与传统的继电器控制电路相比较,PMC 的优点有:时间响应快,控制精度高,可靠性好,控制程序可随应用场合的不同而改变,与计算机的接口及维修方便。另外,由于 PMC 使用软件来实现控制,可以进行在线修改,所以有很大的灵活性,具备广泛的工业通用性。

2. 数控机床 PMC 功能

数控机床所受控制可分为两类:一类是最终实现对各坐标轴运动进行的"数字控制"。即控制机床各坐标轴的移动距离、各轴运行的插补、补偿等;另一类是"顺序控制",即在数控机床运行过程中,以 CNC 内部和机床各行程开关、传感器、按钮、继电器等的开关量信号状态为条件,并按照预先规定的逻辑顺序对诸如主轴的起停、换向,刀具的更换,工件的夹紧、松开,液压、冷却、润滑系统的运行等进行的控制。

数控机床 PMC 的功能:

（1）床操作面板控制。将机床操作面板上的控制信号直接送入 PMC，以控制数控系统的运行。

（2）机床外部开关输入信号控制。将机床侧的开关信号送入 PMC，经逻辑运算后，输出给控制对象。这些控制开关包括各类控制开关、行程开关、接近开关、压力开关和温控开关等。

（3）输出信号控制。PMC 输出的信号经强电柜中的继电器、接触器，通过机床侧的液压或气动电磁阀，对刀库、机械手和回转工作台等装置进行控制，另外还对冷却泵电动机、润滑泵电动机及电磁制动器等进行控制。

（4）伺服控制。控制主轴和伺服进给驱动装置的使能信号，以满足伺服驱动的条件，通过驱动装置驱动主轴电动机、进给伺服电动机和刀库电动机等。

（5）报警处理控制。PMC 收集强电柜、机床侧和伺服驱动装置的故障信号，将报警标志区中的相应报警标志位置位，数控系统便显示报警号及报警提示信息以方便故障诊断。

（6）转换控制。有些加工中心可以实现主轴立/卧转换，PMC 完成的主要工作包括：切换主轴控制接触器；通过 PMC 的内部功能，在线自动修改有关机床数据位；切换伺服系统进给模块，并切换用于坐标轴控制的各种开关、按键等。

3. 数控机床 PMC 分类

数控机床用 PMC 可分为两类：一类是专为实现数控机床顺序控制而设计制造的"内置式"（Built – inType）PMC；另一类是 I/O 信号接口技术规范、I/O 点数、程序存储容量以及运算和控制功能都符合数控机床控制要求的"独立式"（Stand – alone Type）PMC。CNC 的功能和 PMC 的功能在设计时就一同考虑、CNC 和 PMC 之间没有多余的连线，于是使得 PMC 信息可以通过 CNC 显示器显示，PMC 编程更为方便，故障诊断功能和系统的可靠性也有提高。FANUC – 0iMateMC 系统采用了内置式 PMC。内置式 PMC 与 CNC 间的信息传送在 CNC 内部实现，PMC 与机床（Machine Tools，MT）间的信息传送则通过 CNC 的 I/O 接口电路来实现。一般这种类型的 PMC 不能独立工作，只是 CNC 向 PMC 功能的扩展，两者是不能分离的。在硬件上，内置式 PMC 可以和 CNC 共用一个 CPU，也可以单独使用一个 CPU。独立型 PMC 和 CNC 是通过 I/O 接口电路连接的。目前有许多厂家生产独立型 PMC，选用独立型 PMC，功能益于扩展和变更，当用户在向柔性制造系统（FMS）、计算机集成制造系统（CIMS）发展时，不至于对原系统作很大的变动。

实训器材

序号	名　称	型号与规格	数　量	备注
1	数控机床综合实训系统	RS – SY – 0i C/0i mate C	1	
2	数控机床综合实训系统	RS – SY – 0i D/0i mate D	1	

实训内容及步骤

主要进行相关 PMC 参数的设定。

1. 集中润滑调整

在 PMC 功能中的计时器设定画面中设定润滑泵工作时间,在 No. 7 号计时器中设定,以 ms 为单位,一般在 3s 左右,设定 2976ms。按下"SYSTEM",选择下方的 PMC 软键,进入 PMC 菜单后按下 PMCPRM 软键,即进入参数设定界面,如图 6 – 3 – 1 所示,本次操作需继续按下"TIMER"软键。

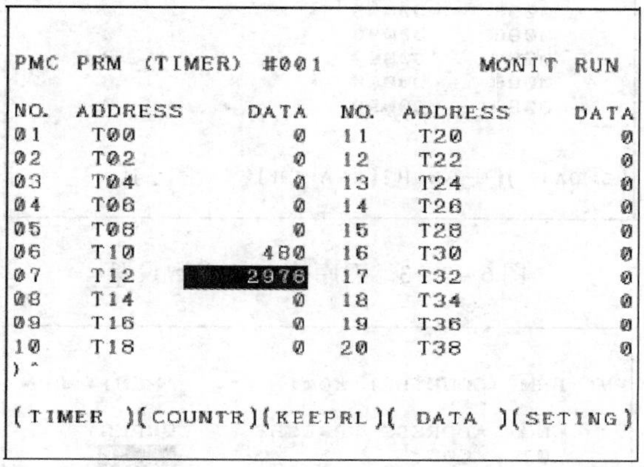

```
PMC PRM (TIMER) #001          MONIT RUN

NO. ADDRESS    DATA  NO. ADDRESS    DATA
01  T00           0  11  T20           0
02  T02           0  12  T22           0
03  T04           0  13  T24           0
04  T06           0  14  T26           0
05  T08           0  15  T28           0
06  T10         480  16  T30           0
07  T12        2976  17  T32           0
08  T14           0  18  T34           0
09  T16           0  19  T36           0
10  T18           0  20  T38           0
) ^

(TIMER )(COUNTR)(KEEPRL)( DATA )(SETING)
```

图 6 – 3 – 1　计时器设定界面及其参数

在 PMC 功能中的计数器设定画面中设定润滑泵工作时间,在 No. 7 号计数器中设定,以 s 为单位,一般在 20min 设定 1200s。紧接上面的操作按下"COUNTER"软键即可设置,如图 6 – 3 – 2 所示。

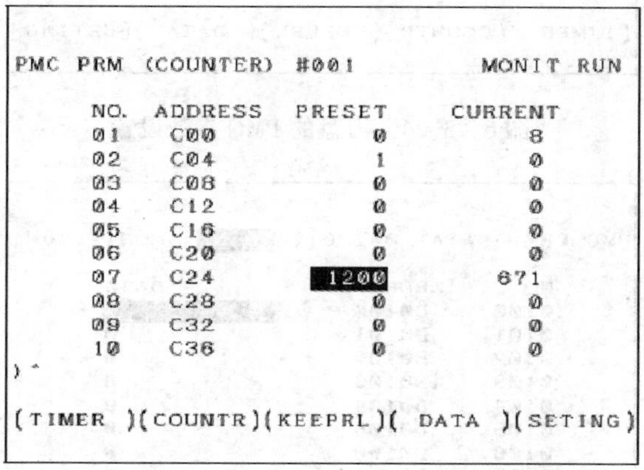

```
PMC PRM (COUNTER) #001        MONIT RUN

    NO. ADDRESS  PRESET     CURRENT
    01  C00          0           8
    02  C04          1           0
    03  C08          0           0
    04  C12          0           0
    05  C16          0           0
    06  C20          0           0
    07  C24       1200         671
    08  C28          0           0
    09  C32          0           0
    10  C36          0           0
) ^

(TIMER )(COUNTR)(KEEPRL)( DATA )(SETING)
```

图 6 – 3 – 2　计数器设定界面及其参数

2. 刀库调整

根据所配刀库容量设定 D92 的 PMC 数据,在 PMC 功能中的数据设定画面中设定 D92 = 12。如图 6 – 3 – 3 所示,紧接上述操作按下"DATA"软键。

根据刀盘当前所在位置设定 No. 1 计数器的当前值,在 PMC 功能中的计数器设定画面中设定,如图 6 – 3 – 4 所示。

根据主轴上所装刀具的刀具号设定 D100 的 PMC 数据,在 PMC 功能中的数据设定画面中设定,如果主轴上没有装刀则 D100 = 0。设定界面如图 6 – 3 – 5 所示。

```
PMC PRM (DATA) 001/010  BIN   MONIT RUN

    NO.      ADDRESS           DATA
    0090     D0090                0
    0091     D0091                0
    0092     D0092               12
    0093     D0093                0
    0094     D0094                0
    0095     D0095                0
    0096     D0096                0
    0097     D0097                0
    0098     D0098                8
    0099     D0099                0
) ^

(C. DATA )(G-SRCH)(SEARCH)(        )(         )
```

图 6 – 3 – 3 刀库的 PMC 参数设置

```
PMC PRM (COUNTER) #001          MONIT RUN

    NO.   ADDRESS   PRESET      CURRENT
    01    C00            0            8
    02    C04            1            0
    03    C08            0            0
    04    C12            0            0
    05    C16            0            0
    06    C20            0            0
    07    C24         1200          688
    08    C28            0            0
    09    C32            0            0
    10    C36            0            0
) ^

(TIMER )(COUNTR)(KEEPRL)( DATA )(SETING)
```

图 6 – 3 – 4 刀盘的 PMC 参数设置

```
PMC PRM (DATA) 001/011  BIN   MONIT RUN

    NO.      ADDRESS           DATA
    0100     D0100                3
    0101     D0101                0
    0102     D0102                0
    0103     D0103                0
    0104     D0104                0
    0105     D0105                0
    0106     D0106                0
    0107     D0107                0
    0108     D0108                0
    0109     D0109                0
) ^

(C. DATA )(G-SRCH)(SEARCH)(        )(         )
```

图 6 – 3 – 5 刀具的 PMC 设定

3. 主轴刀具夹紧调整

在 PMC 功能中的计时器设定画面中设定打刀缸夹紧检测开关延时时间,在 No. 6 号计时器中设定,以 ms 为单位,一般在 0.5s 左右设定 480ms,如图 6 – 3 – 6 所示。

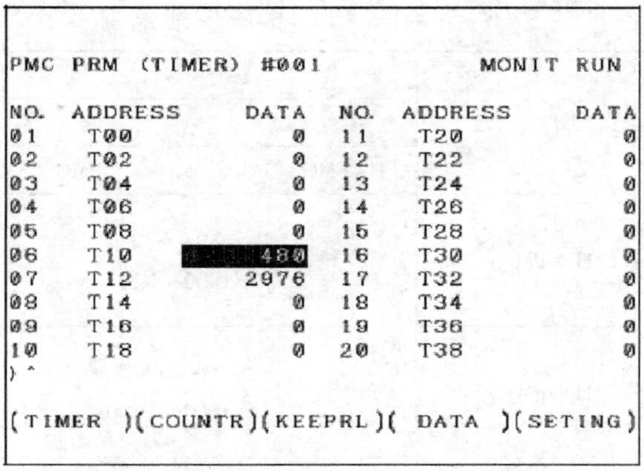

```
PMC PRM (TIMER) #001          MONIT RUN

NO. ADDRESS      DATA    NO. ADDRESS      DATA
01   T00            0    11   T20            0
02   T02            0    12   T22            0
03   T04            0    13   T24            0
04   T06            0    14   T26            0
05   T08            0    15   T28            0
06   T10          480    16   T30            0
07   T12         2976    17   T32            0
08   T14            0    18   T34            0
09   T16            0    19   T36            0
10   T18            0    20   T38            0
) ^

(TIMER )(COUNTR)(KEEPRL)( DATA )(SETING)
```

图 6 - 3 - 6   刀缸夹紧检测开关延时时间设定

注意事项及规范

1. 在进行相应的参数设定时一定要按照要求进行,否则会引起机床无法正常工作。
2. 不允许对其他与实验无关的参数进行修改。

实训练习

PMC 与 PLC 的区别是什么?

实训 4   PMC 编程实训

实训目的

1. 学习 FANUC PMC 编程基础及综合调试能力;
2. 掌握 FANUC PMC 编程及运行调试操作。

实训原理及装置

1. CNC 与 PMC 间的接口

CNC、PMC 与机床之间的接口信号地址如下:

(1) 地址 G 和 F 的信号,由 CNC 软件决定其地址。

例如,自动运转启动信号 ST 的地址是 G0007.2。

(2) 急停信号(* ESP)和跳转信号(SKIP)等,由于受 PMC 扫描时间的影响使处理缓慢,故而由 CNC 直接读取。这些直接输入的 X 地址是确定的。

(3) PLC 程序中的地址是用来区分信号。不同的地址分别对应机床侧的 I/O 信号、CNC 侧的 I/O 信号、内部继电器、计数器、保持型继电器(PMC 参数)和数据表。每个地址由地址号和位号组成。在地址号的开头必须指定一个字母用来表示表中所列的信号类型。在功能指令中指定字节单位的地址时,位号可以省略。具体地址范围如表 6 - 4 - 1 所列。

表 6 - 4 - 1　PLC 程序地址范围

字符	信号说明	型号		
		PMC - SA1	PMC - SA3	PMC - SB7
X	输入信号(MT→PMC)	X0 ~ X127 X1000 ~ X1011		X0 ~ X127 X200 ~ X327 X1000 ~ X1127
Y	输出信号(MT←PMC)	Y0 ~ Y127 Y1000 ~ Y1008		Y0 ~ Y127 Y200 ~ Y237 Y1000 ~ Y1127
F	输入信号(NC→PMC)	F0 ~ F225 F1000 ~ F1255		F0 ~ F767 F1000 ~ F1767 F2000 ~ F2767 F3000 ~ F3767
G	输出信号(NC←PMC)	G0 ~ G255 G1000 ~ G1255		G0 ~ G767 G1000 ~ G1767 G2000 ~ G2767 G3000 ~ G3767
R	内部继电器	R0 ~ R1999 R9000 ~ R9099	R0 ~ R1499 R000 ~ R9117	R0 ~ R7999 R000 ~ R9499
A	信息请求信号	A0 ~ A24		A0 ~ A249
C	计数器	C0 ~ C79		C0 ~ C399 C5000 ~ C5199
K	保持继电器	K0 ~ K19		K0 ~ K99 K900 ~ K919
D	数据表	D0 ~ D1859		D0 ~ D9999
T	可变定时器	T0 ~ T79		T0 ~ T499 T9000 ~ T9499
L	标号	—	L1 ~ L9999	
P	子程序号	—	P1 ~ P512	P1 ~ P2000

2. PMC 程序设计

PMC 程序设计是数控设计与调试的一个重要环节,是 NC 系统对机床及其外围部件进行逻辑控制的重要通道,同时也是外部逻辑信号对数控系统进行反馈的必由之路。通俗地说,是连接机床与数控系统的桥梁。PLC 程序的编制通过 PMC 编程软件来完成,如图 6 - 4 - 1 所示。

3. FANUC 输出模块 CE56、CE57 单元

CE57 单元相同位置依次为 X0011. 0 - X0011. 7、X0012. 0 - X0012. 7、X0013. 0 - X0013. 7、Y0002. 0 - Y0002. 7 和 Y0003. 0 - Y0003. 7。图 6 - 4 - 2 为 FANUC 的 I/O 单元面板。

| (1)
第 1 级结束 | ─ SUB 1
END1 ─ | 第 1 级顺序结束 |
| (2)
第 2 级结束 | ─ SUB 2
END2 ─ | 第 2 级顺序结束 |

图 6 - 4 - 1　PMC 程序运行结构示意图

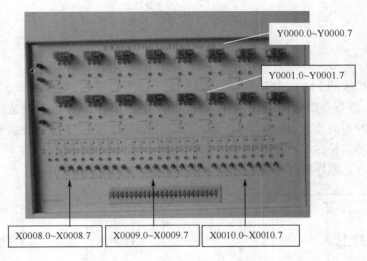

图 6 - 4 - 2　FANUC 的 I/O 单元面板

4. 系统内置式 PMC 的工作原理

PMC 的工作过程基本上就是用户程序的执行过程,是在系统软件的控制下顺次扫描各输入点的状态,按用户逻辑解算控制逻辑,然后顺序向各输出点发出相应的控制信号。此外,为提高工作的可靠性和及时接收外来的控制命令,在每个扫描周期还要进行故障自诊断和处理与编程器、计算机的通信请求等。

所谓扫描就是依次对各种规定的操作项目全部进行访问和处理。PMC 运行时,用户程序中有众多的操作需要去执行。但一个 CPU 每一时刻只能执行一个操作而不能同时执行多个操作,因此 CPU 按程序规定的顺序依次执行各个操作。这种需要处理多个作业时依次顺序处理的工作方式称为扫描工作方式。由于扫描是周而复始无限循环的,每扫描一个循环所用的时间称为扫描周期。

顺序扫描的工作方式是 PMC 的基本工作方式,这种方式简单直观、方便用户程序设计,为 PMC 的可靠运行提供了有力的保证。所扫描到的指令被执行后其结果立刻就被后面将要扫描到的指令所利用。可以通过 CPU 设置定时器来监视每次扫描时间是否超过规定时间,避免由于 CPU 内部故障使程序执行进入死循环。

5. 顺序程序的构成及顺序程序的执行

顺序程序从梯形图的开头执行,直至梯形图结束,程序执行完再次从梯形图的开头执行,即循环执行。从梯形图的开头直至结束的执行时间称为循环处理周期。该时间取决于控制的步数和第一级程序的大小。处理周期越短,信号的响应能力也越强(图 6 - 4 - 3)。

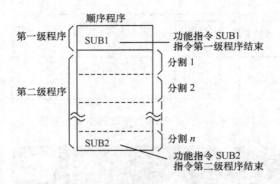

图 6 - 4 - 3　梯形图执行顺序

　　一般数控机床的 PMC 程序的处理时间为几十至上百毫秒,对于绝大多数信号,这个速度已足够了,但有些信号(如脉冲信号)要求的响应时间约为 50ms,为适应不同控制信号对响应速度的不同要求,顺序程序由第一级程序和第二级程序两部分组成。第一级程序仅处理短脉冲信号,如急停、各进给坐标轴超程、机床互锁信号、返回参考点减速、跳步、进给暂停信号等。顺序程序的执行周期如图 6 - 4 - 4 所示。

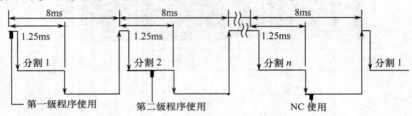

图 6 - 4 - 4　PMC 程序的处理周期示意图

　　第一级程序每 8ms 执行一次。在向 CNC 的调试 RAM 中传送程序时,第二级程序被分割,第一级程序的执行将决定如何分割第二级程序,若第二级程序的分割数为 n,则顺序程序的执行顺序如图 6 - 4 - 5 所示。可见,当第二级程序的分割数为 n 时,一个循环的执行时间为 $8 \times n$ ms,第一级程序每 8ms 执行一次,第二级程序每 $8 \times n$ ms 执行一次。如果第一级程序的步数增加,那么在 8ms 内第二级程序动作的步数就相应减少,因此分割

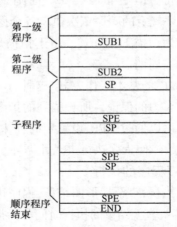

图 6 - 4 - 5　具有子程序的顺序程序的结构

146

数变多,整个程序的执行时间变长。因此第一级程序应编得尽可能短。使用子程序时,子程序应在第二级程序后指定。

实训器材

序号	名　称	型号与规格	数　量	备注
1	数控机床综合实训系统	RS－SY－Oi C/Oi mate C	1	
2	数控机床综合实训系统	RS－SY－Oi D/Oi mate D	1	
2	万用表		1	

实训内容及步骤

1. 梯形图的观察

将 PMC 调至梯形图界面(监控),按下急停按钮,观察梯形图运行情况。按下"SYS-TEM"后,继续按下">"键,依次选择 PMC、PMCLAD 软键即可接入梯形图界面。

2. 换刀程序运行

在 MDA 工作模式下输入换刀程序,观察梯形图对应区域的程序运行状况。

换刀程序的操作方法:将面板上最左方的旋钮打至 MDA 挡,进行换刀指令的输入。按下功能键 PROG 两次,使屏幕下方光标停在 MDI 处,输入 T100\T200\T300\T400 的指令,输入[EOB](分号),按 INSERT 插入,然后按下驱动板上绿色启动按钮,观察运行。

3. 编程练习

练习图 6－4－6 所示梯形图程序,将其编辑到梯形图中,观察输入与输出及梯形图的运行。

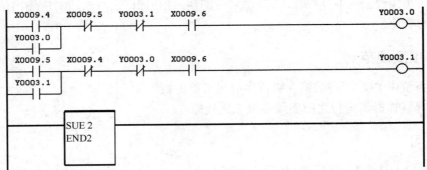

图 6－4－6　练习用梯形图

操作步骤如下:

(1) 按"SYSTEM"键,选择 PMC;将 PMC 参数 K17.1 置为 1,激活 PMC 编程基本菜单。

(2) 按向右扩展键,选择 EDIT。

(3) 选择 LADDER,进入梯形图编辑画面。

(4) 对应系统画面中触点和线圈等输入梯形图并输入相应的地址。直接在面板键盘上输出对应数字和字母即可。注:SHIFT 为换挡键,当某一按键有多个字母\数字标注时,按下 SHIFT 即为输入另一字母/数字。

（5）退出编辑画面,按下"RUN"键,执行 PLC 程序。

4. 使用实验台上开关和发光二极管验证输入程序功能

操作步骤如下:

（1）把实验台系统板上 机床侧/面板侧 转换开关拨到面板侧

（2）拨动 I/O 模块 CE56、CE57 面板上与 PLC 输入信号相对应的开关,并观察与 PLC 输出信号相对应的发光二极管的变化。

5. 设计满足如下条件的 PLC 程序(选作)

（1）根据实验内容的要求,编制一程序要求 X13.0 ~ X13.7,与 Y3.0 ~ Y3.7 中的各位成一一对应关系。实现该功能有多种方法,现介绍一种方法予以示范。

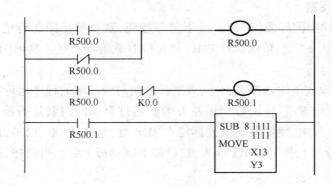

（2）以梯形图形式把上面的程序输入系统。

（3）在实验台上的 I/O 模块上,拨动对应的输入信号开关,观察所对应输出信号的发光二级管的变化。

注意事项及规范

1. 该系统中 PLC 程序的第一级程序应尽可能的短。
2. 在观察梯形图运行之前要保证机床无故障。

实训练习

自行改变 I/O 参数,进行编程练习,观察现象。

实训 5　外围机床故障模拟与诊断实训

实训目的

1. 学习数控机床报警的产生流程;
2. 学习数控机床最基本的外围报警构成。

◆ 实训原理及装置

1. 外围机床报警

报警功能对确保机床安全运行很有必要,通常由安装在各相关位置上的传感器来完成。当机床的运动使某一传感器动作,传感器(如行程开关)将电压信号送至某一 PLC 输入地址,使得该地址的电平产生变化,当该变化满足 PLC 程序所规定的报警条件时,机床运动被干预(干预的程度视报警信号的严重程度而定)。显示屏上出现报警号与报警内容。

2. 报警号

报警号是通过 PLC 程序激活某一位信息显示请求地址位(地址 A0 到 A24)而产生的,报警内容则通过编辑信息数据表来实现。

3. 发生故障时的处理方法

当发生故障时,为了更快的恢复机床,首先应正确的把握故障情况,进行妥善处理这是最重要的。为此应按下述内容确认故障情况。故障的处理流程如图 6-5-1 所示。

图 6-5-1 故障流程

4. 外部故障模拟

本实验台采用拨码开关的不同数字(0~9)来模拟不同的外部输入信号电平,其中只有一个数字是正确的,其他数字都会导致相应的故障,如 X0.4 对应 EMG 报警,X3.6 和 X3.7 对应手轮操作故障(即调节手轮,坐标无法正常改变),X4.2~X4.5 对应点动操作方式的四个方向 +X,-X,+Z,-Z(即按点动的 4 个按键,坐标无法正常改变)。图 6-5-2 为 FANUC 的 I/O 单元面板。

图 6-5-2 FANUC 的 I/O 单元面板

实训器材

序号	名　称	型号与规格	数　量	备注
1	数控机床综合实训系统	RS – SY – Oi C/Oi mate C	1	
2	数控机床综合实训系统	RS – SY – Oi D/Oi mate D	1	
2	万用表		1	

实训内容及步骤

本实训装置设置了几组典型的机床报警,机床报警数目,由机床本身的复杂程度和部件的多少等因素来决定。

1. 急停报警故障模拟排除

给系统上电,如果此时出现 EMG 的报警,则查找以下三种可能出现 EMG 报警的情况:

① 急停按钮是否按下(急停按钮按下会导致 EMG)。

② 机床侧开关是否打在面板侧(打在面板侧会导致 EMG)。

③ 调试 X0.4 的外部信号(对应数值为 0 ~ 9)(X0.4 的输入有且仅对应一个数值,如果 X0.4 不是正确的数值则会导致 EMG)。

2. 手轮调节坐标故障模拟排除

将机床工作方式置于手轮方式 ,按下"POS"键观察机床坐标,转动手轮此时出现坐标不能调节故障,检查 X3.6 和 X3.7(分别对应 X 轴和 Z 轴),调试 X3.6 和 X3.7 的外部信号,直至故障消除。

3. 点动调节坐标故障模拟排除

将机床工作方式置于点动方式,按下"POS"观察机床坐标,按动" + X"或" – X"或" + Z"或" – Z",如果此时出现坐标不能调节的故障,检查 X4.2 至 X4.5(X4.2 至 X4.5 与" + X"、" – X"、" + Z"、" – Z"一一对应)是否是正确的输入值,X4.2 至 X4.5 的外部信号也是有且仅有一个正确的数值(0 ~ 9),直至故障消除。

注意事项及规范

1. 先外部后内部。当数控机床发生故障后,维修人员应先采用望闻听问摸等方法由外向内逐一检查。

2. 先机械后电气。数控机床的故障大部分是机械动作失灵引起的,先检查机械部分是否正常,行程开关是否灵活等。可以达到事半功倍的效果。

3. 先静后动。维修人员本身应该做到先静后动,不可盲目动手,应先了解情况。

4. 先简单后复杂。出现多种故障交织掩盖,应先解决简单的,后解决难度大的。

5. 先一般后特殊。出现故障,应先考虑最常见的可能原因,后分析很少发生故障的特殊原因。

导致急停故障的故障原因有哪些?

实训6　机床回参考点实训

实训目的

1. 学习全功能数控机床回参考点功能与建立机床坐标系的概念;
2. 学习 FANUC 0i C/0i mate C 系列数控系统的回参功能调整。

实训原理及装置

1. 机床回参考点

回参考点原理图如图 6-6-1 所示。当手动或自动回机床参考点时,首先,回归轴以正方向快速移动,当挡块碰上参考点接近开关时,开始减速运行。当挡块离开参考点接近开关时,继续以 FL 速度移动。当走到相对编码器的零位时,回归电动机停止,并将此零点作为机床的参考点。

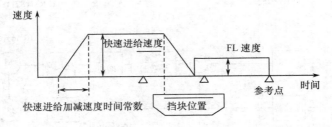

图 6-6-1　回参考点原理图

2. 数控车床坐标系

在数控机床上需要对刀具运动轨迹的数值进行准确控制,所以要对数控机床建立坐标系。标准坐标系是右手直角笛卡儿坐标系。右手直角笛卡儿坐标系规定了直角坐标 X、Y、Z 三者的关系及其正方向用右手定则判定,围绕 X、Y、Z 各轴的回转运动及其正方向 $+A$、$+B$、$+C$ 分别用右螺旋法则判定,如图 6-6-2所示。

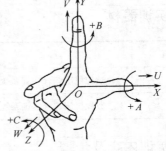

图 6-6-2　右手定则

3. 机床回参考点操作

一般需有一定的硬件支持,除位置编码器以外,一般还须在坐标轴相应的位置上安装一硬件挡块与一行程开关,作为参考点减速开关。机床回参考点过程(挡块方式)如图 6-6-3 所示。其中,mm/rev 为毫米每转,即每转给进多少毫米;P/rev 表示 pulse/revolution,即编码器每转一圈产生多少个脉冲。

阶段1：寻找减速挡块

在回参方式 REF 下，按轴移动键，轴以快速（PRM1420 设定）移动寻找减速挡块，当撞上减速挡块后按设定低速（PRM1425 设定）移动，进入阶段2。

阶段2：与零脉冲同步

当减速挡块释放后，开始寻找零脉冲，并在栅格位置停止。同时返回参考点结束信号被送出。

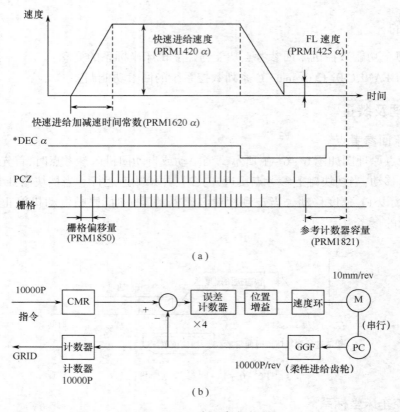

图6-6-3　机床回参考点过程

实训器材

序号	名　称	型号与规格	数　量	备　注
1	数控机床综合实训系统	RS－SY－Oi C/Oi mate C	1	
2	数控机床综合实训系统	RS－SY－Oi D/Oi mate D	1	

实训内容及步骤

1. 将旋钮打至点动工作模式挡，依次按下"＋X""－X""＋Z""－Z"，观察机床的伺服电动机运行，如果不能正常运行，请按照故障指示信号消除故障。

2. 将旋钮打至手轮工作模式，摇动手轮。观察电动机运行，如果不能正常运行，请按

152

照故障指示信号消除故障。（面板下方有一黑色小旋钮，负责在手轮模式下切换 X、Z 轴电动机）

3. 将面板上的最左边旋钮打至回零工作模式（最右边一挡），取一根导线，一端接在机床左边最下方的红色接线孔（电源正极）上，另一端在收到信号后插入 CE56A06 接线孔，模拟给出一个零位脉冲信号。

4. 按下驱动板面板上的"POS"功能键 3 次，进入坐标读取界面，以 X 轴回零为例，读取 X 轴坐标初始值，若初始值为负，则按下" $+X$ "键，同时发出插线信号，将导线插入后，回零完成。若初始值为正，则按下" $-X$ "，其余操作相同。

注意事项及规范

1. 回参考点时要注意机床主轴的运动轨迹和工件之间是否有干涉，也就是不能使主轴和工件有相互碰撞的可能。

2. 对于一些装有绝对坐标编码器的机床，开机后可以不必回参考点。

实训练习

T100/T200/T300/T400 代表什么意思？

附录Ⅰ 机床参数下载操作步骤

1. 在关机状态下将存储卡插入驱动板的卡槽(注意方向),按住驱动板屏幕下方最右边的两个软键,同时给机器上电,(上电过程中软键不可松开),如图Ⅰ-1所示。

图Ⅰ-1

2. 待屏幕显示开机完毕后,松开软键。通过"UP""DOWM"对应的软键可以移动光标,将光标移至"SRAM DATA BACKUP"处,按下"SELECT"对应的软键即可选中,如图Ⅰ-2所示。

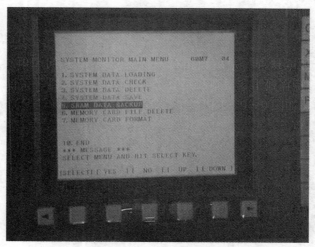

图Ⅰ-2

3. 进入后将光标移至第二个项目(存储卡至 CNC)，"SELECT"选中，按提示按下"YES"软键，开始下载，如图Ⅰ-3所示。

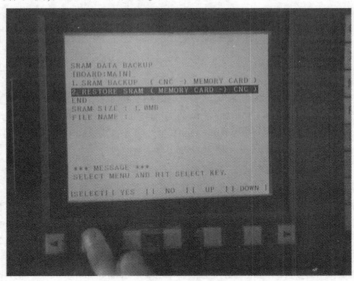

图Ⅰ-3

4. 下载完成后按提示依次按下"SELECT"，END 等，结束下载操作，拔掉存储卡，如图Ⅰ-4所示。

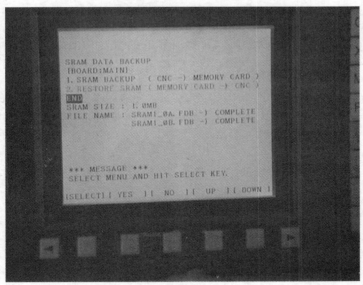

图Ⅰ-4

参 考 文 献

［1］李晓宁．例说西门子 PLC S7－200［M］．北京：人民邮电出版社，2008．

［2］穆秀春，李娜，訾鸿．轻松实现从 Protel 到 Altium Designer［M］．北京：电子工业出版社，2011．

［3］KHDG－1（B）型高性能电工综合实验装置电工实验指导书［M］．浙江天煌科技实业有限公司．

［4］THPDG－1 型电工技能实训考核装置［M］．浙江天煌科技实业有限公司．

［5］王兰君，黄海平，王文婷．完全彩色图解电工操作技能与技巧［M］．北京：人民邮电出版社，2010，12．

［6］王敏，王芳．图解电工知识要诀［M］．北京：中国电力出版社．2011，3．

［7］王建，刘金玉，刘伟．电工（初·中级）国家职业资格证书取证问答［M］．北京：机械工业出版社，2009．

［8］THPDG－1 型电工技能实训考核装置实训考核指导书［M］．浙江天煌科技实业有限公司．

［9］THPJC－2 型机床电气技能培训考核实验装置实训考核指导书［M］．浙江天煌科技实业有限公司．

［10］THSRZ－1 型传感器系统综合实验指导书［M］．浙江天煌科技实业有限公司．

［11］何道清．传感器与传感器技术（第二版）［M］．北京：科学出版社，2008．

［12］高长银．压电效应新技术及应用［M］．北京：电子工业出版社，2012．

［13］王庆有．光电传感器应用技术［M］．北京：机械工业出版社，2007．

［14］THJDQG－1 型光机电气一体化控制实训系统实训指导书［M］．浙江天煌科技实业有限公司．

［15］THSMS 实验指导书［M］．浙江天煌科技实业有限公司．

［16］邵泽强．机电一体化概论．北京：机械工业出版社，2010．

［17］王永华．现代电气控制及 PLC 应用技术．北京：北京航空航天大学出版社，2008．

［18］RS－SY－0i C/0i mate C 数控机床综合实验系统实验指导书［M］．南京日上自动化设备有限责任公司．

［19］RS－SY－0i D/0i Mate D 数控机床综合实验系统实验指导书［M］．南京日上自动化设备有限责任公司．

［20］盛伯浩．中国战略性新兴产业研究与发展［M］．北京：机械工业出版社，2013．

［21］徐衡．FANUC 系统数控铣床加工中心编程与维护［M］．北京：电子工业出版社，2008．

［22］胡家富．FANUC 系列数控机床操作案例［M］．上海：上海科学技术出版社，2012．

目　　录

电工基础实训 …………………………………………………………… 1

维修电工实训 ……………………………………………………………… 4

传感器与测量基础实训 …………………………………………………… 7

机电一体化基础实训 ……………………………………………………… 9

数控机床电气故障诊断实训 ……………………………………………… 13

电工基础实训

一、填空题

1. 电工仪表的测量方法误差主要是由仪表的_____引起的。

2. 三相电路的供电形式主要包括_____制供电和_____制供电。

3. 功率表是用来测量_____的电工仪表,其主要结构包括两个线圈:_____线圈和_____线圈。

4. 三相四线制供电的三相对称电路一般可以用_____法测量其三相有功功率。

5. 三相三线制供电的三相电路一般可以用_____法测量其三相有功功率。

6. 交流电网三相电源的相序一般为_____相——_____相——_____相。

7. 负序检测电路是用来判断_____。

8. 确定两线圈的同名端可以采用_____法和_____法。

9. 变压器的基本原理是_____原理。

10. 三相鼠笼式异步电动机又称为_____电动机。

11. 三相鼠笼式异步电动机的名牌数据为:380V/220V,Y/△。则当电源电压为380V时,三相定子绕组应该采用_____型连接。

12. 三相鼠笼式异步电动机的启动电流较大,约为额定电流的_____倍。

二、单项选择题

1. 常见的电工仪表不包括(　　　)。

A. 数字万用表

B. 交流电流表

C. 剥线钳

D. 瓦特计

2. 万用表的功能不包括(　　　)。

A. 测量直流电压

B. 测量电阻

C. 发出正弦波信号

D. 测量交流电流

3. 测量电气设备的绝缘电阻时可以使用(　　　)。

A. 万用表

B. 电流表

C. 兆欧表

D. 电压表

4. 进行毫安表量程扩展时,可以将外接电阻与基本表如何连接?(　　)

A. 串联

B 并联

C 既可以串联,也可以并联

D. 无法实现

5. 相序检测电路用以测量三相交流电源的(　　)。

A. 相序

B. 相位

C. 频率

D. 幅值

6. 两个线圈的相对位置变远,其互感系数(　　)。

A. 变大

B. 变小

C. 不变

D. 无法确定

7. 两个线圈中插入铁棒铁芯时,其互感系数(　　)。

A. 变大

B. 变小

C. 不变

D. 无法确定

8. 变压器的基本功能不包括(　　)。

A. 改变交流电压

B. 改变交流电流

C. 改变直流电压

D. 改变等效阻抗

9. 多绕组输出的变压器中,输出电压不相同的两个绕组(　　)。

A. 不允许串联

B. 不允许并联

C. 既不允许串联,也不允许并联

D. 既可以串联,也可以并联

10. 两表法是否可以用于三相四线制对称供电线路?(　　)

A. 允许

B. 不允许

C. 有时允许,有时不允许

D. 无法确定

三、判断题

1. 一般要求电压表的内阻越小越好。(　　)

2. 万用表使用后,最好将转换开关置于最高交流电压挡。(   )

3. 正弦交流电的最大值等于有效值的 2 倍。(   )

4. 三相异步电动机是由定子和转子构成的。(   )

5. 功率表不仅可以测量负载的有功功率,也可以测量无功功率。(   )

6. 三相电源绕组的尾端接在一起的连接方式称三角形连接。(   )

7. 三相电压或电流最大值出现的先后次序称相序。(   )

8. 用交流电压表测得的交流电压的数值是最大值。(   )

维修电工实训

一、填空题

1. 在电气控制布线的过程中需要使用_____、_____、_____ 等电工工具。

2. 如何根据试电笔的状态判断相线和零线:_____。

3. 布线操作结束后,应该先检查_____、_____、_____ 和_____。

4. 日光灯回路主要包括_____、_____和_____。

5. 三相负载的连接主要有_____连接和_____连接。

6. Y形接法的负载,线电压为380V,则其相电压为_____ V。

7. 单相电度表含有两个线圈:_____线圈和_____线圈。

8. 单相电度表的作用是_____。

9. 电气装置中急停按钮的作用是_____。

二、单项选择题

1. 常见的电气元件不包括(　　　)。

A. 自动空气开关

B. 荧光灯

C. 按钮

D. 热继电器

2. 常见的电工工具不包括(　　　)。

A. 断线钳

B. 螺丝刀

C. 试电笔

D. 接触器

3. 试电笔的基本功能是(　　　)。

A. 检验导线和电气设备是否带电

B. 紧固和拆卸带电的螺钉

C. 剪断较粗的电线

D. 剥削电线线头

4. 电流表的内阻应该(　　　)。

A. 越大越好

B. 越小越好

C. 适中为好

D. 不能太小

5. 关于变压器的叙述错误的是(　　　)。

A. 变压器可以进行电压变换

B. 有的变压器可变换阻抗

C. 有的变压器可变换电源相位

D. 变压器可进行能量形式的转化

6. 相电压是(　　　)间的电压。

A. 相线与相线

B. 相线与中线

C. 中线与地

D. 相线与地

7. 三相四线制供电系统中,线电压指的是(　　　)。

A. 两相线间的电压

B. 零线对地电压

C. 相线与零线电压

D. 相线对地电压

8. C6140 普通车床中主轴电动机 M1 的主令控制电器是(　　　)。

A. 按钮

B. 接触器线圈

C. 接触器常开触点

D. 接触器常闭触点

9. 三相电源绕组 Y 联结时,对外可输出(　　　)电压。

A. 1 种

B. 2 种

C. 3 种

D. 4 种

10. 一般在设备正常工作时,效率为(　　　)。

A. 小于100%

B. 大于100%

C. 等于100%

D. 不确定

三、判断题

1. 螺丝刀按照头部形状可以分为一字形和十字形。(　　　)

2. 验电前应先在有电设备上试验,确保验电器良好。(　　　)

3. 剥线钳用于剪断较粗的电线或电缆。(　　　)

4. 电工刀刀柄无绝缘保护,不能用于带电作业,以免触电。(　　　)

5. C6140 普通车床中快速移动电动机 M3 采用的是点动控制。(　　)

6. 三相对称电路中,相电压超前相应的线电压 30°。(　　)

7. 三相负载作星形联结时,无论负载对称与否,线电流必须等于相电流。(　　)

8. 三相电源绕组 △ 联结时输出线电压不等于相电压。(　　)

传感器与测量基础实训

一、填空题

1. 传感器是能感受(或响应)规定的_____,并按照一定规律转换成可用信号输出的_____。

2. 非电测系统主要由_____、_____、_____组成。

3. 虚拟仪器的基本思想就是在测试系统或仪器设计中尽可能地用_____代替_____。

4. 金属热电阻传感器是利用_____的原理进行测温。

5. 热电阻用于测量时,要求其材料电阻_____,_____,_____和_____。

6. 常用的力传感器有_____和_____。

7. 霍耳传感器是利用_____实现_____的传感器。

8. 气敏传感器主要包括_____气敏传感器、_____气敏传感器和_____气敏传感器。

9. 变送器是将_____信号或_____信号转换为_____电信号输出或能够以通讯协议方式输出的设备。

10. 常见的液位变送器有_____液位变送器、_____液位变送器、_____液位变送器。

二、单项选择题

1. 传感器一般由敏感元件、转换元件和(   )三部分组成。

A. 继电器

B. 热敏元件

C. 探头

D. 基本转换电路

2. 传感器的作用是(   )。

A. 将被测的非电物理量转换成与其有一定关系的电信号

B. 将被测的电信号转换成与其有一定关系的非电物理量

C. 将被测的电信号转换成与其有一定关系的电信号

D. 将被测的非电物理量转换成与其有一定关系的非电物理量

3. 常见的转速传感器不包括(   )。

A. 交直流测速发电机

B. 电容式转速传感器

C. 光电式转速传感器

D. 电磁式转速传感器

4. 霍耳效应线位移传感器有接触器式、差动式、非接触式和( )等类型。

A. 光栅式

B. 磁电式

C. 小位移式

D. 大位移式

5. 电阻应变片传感器的基本原理是( )。

A. 光电效应

B. 热效应

C. 电磁效应

D. 电阻应变效应

6. 制造热电阻的最好材料是( )。

A. 铂

B. 铜

C. 铝

D. 银

7. 下列有关虚拟仪器的说法错误的是( )。

A. 其基本思想是在测试系统中尽可能用软件代替硬件

B. 一种在通用计算机中运行的软件仪器

C. 无法进行真正的物理量测量

D. 可以由用户自行定义设计

8. 下列有关光电式转速传感器的说法错误的是( )。

A. 将转速变化转变为输出电压大小的变化

B. 将转速变化转变为输出电脉冲频率的变化

C. 需要直流电源供电

D. 是一种数字式的转速传感器

三、判断题

1. 传感器获得的信号正确与否,直接关系到整个测量系统的精度。( )

2. 非电量的电测法是用电测技术对非电量进行测量。( )

3. 虚拟仪器必须在实际的测量仪器中才能运行。( )

4. 热电偶的测温原理是利用热电偶电阻随温度变化的特性。( )

5. 光电式传感器有直射式和反射式两种。( )

6. 当酒精气体浓度增加时,氧化锡半导体气敏传感器电阻变大。( )

机电一体化基础实训

一、填空题(每空 2 分,共 36 分)

1. 可编程控制器简称_____,主要由_____、_____、_____、_____组成,是适用于_____现场的控制装置。

2. 可编程控制器的程序语言一般采用的是_____。

3. 在每次循环过程中,PLC 的工作可分为 5 个阶段:_____、_____、_____、_____、_____。

4. 下列语句中,定时器 T37 的分辨率为_____ ms,定时的时间为_____ s。

```
        I0.0              T37
  ├──────┤/├────┤   IN      TON
                 │
           100 ──┤PT      100ms
```

5. 机械手主要由_____、_____、_____三大部分组成,其控制系统可以由单片机、PLC、DSP、微机等智能设备实现。

6. 电梯控制实训中,模拟电梯停在一层的方法是:将一层指示灯 L1 所接的 PLC 输出端 Q0.1 置_____。

二、判断题(每题 3 分,共 18 分)

1. 存储器 M0.3 可以代表 Q0.3 点的输出。   (   )

2. PLC 的输入模块用来控制执行器的动作,输出模块用来接收和采集外部信号。
                                                                (   )

3. 当 PLC 在 RUN 状态时,它采用集中输入、集中输出、周期性循环扫描的方式反复不断地重复执行用户程序,直至停机或切换到 STOP 工作状态。   (   )

4. 若 PLC 的输入点 I0.2 用连线接至开关 SQ2,则当开关 SQ2 合上(即置 1)时,输入点 I0.2 处于置 1 并自锁的状态。   (   )

5. PLC 程序中,一个定时器可以重复使用。   (   )

6. PLC 工作时,其输入输出端的公共端不用接电源。   (   )

三、单项选择题(每空 4 分,共 16 分)

1. 机电一体化技术融合了机械技术、电气技术、传感器技术、信号处理技术等多种技术,一个机电一体化系统,它的核心是(   )。

   A. 机械结构   B. 电工电气结构   C. 控制器   D. 传感器

2. 可编程控制器里联系外部现场和 CPU 模块的桥梁是(   )。

A. 编程器   B. I/O 模块   C. 计算机   D. 存储器

3. 下列语句中实现:系统复位并上电后,延时 5s,Q0.1 持续亮灯的是( )。

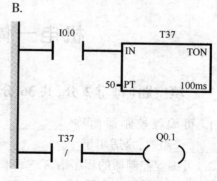

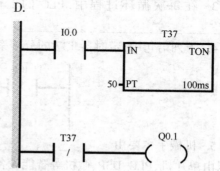

4. 对下列语句功能的描述,正确的是( )。

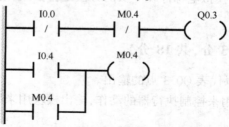

    A. 系统上电并复位后,按一下 I0.0 的按钮,同时按一下 I0.4 的按钮,Q0.3 持续亮灯。

    B. 系统上电并复位后,Q0.3 持续亮灯,按一下 I0.4 的按钮,Q0.3 持续灭灯。

    C. 系统上电并复位后,按一下 I0.4 的按钮,Q0.3 持续亮灯。

    D. 系统上电并复位后,按一下 I0.0 的按钮,同时按一下 M0.4 的按钮,Q0.3 持续亮灯。

四、多项选择题(每空 5 分,共 30 分)

1. 可编程控制器编程语言常用图形符号里:

┤├:表示 PLC 编程元件的( ),接触器/继电器在线圈没有得电时,该触点处于断开状态;在受到外力的情况下,该触点闭合。

┤/├:表示 PLC 编程元件的( ),接触器/继电器在线圈没有得电时,该触点处于闭合状态;在受到外力的情况下,该触点断开。

    A. 动合触点   B. 动断触点   C. 常开触点   D. 常闭触点

10

2. 对下列语句的描述,正确的是(   )。

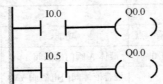

A. 按下 I0.0 的按钮(I0.0 接通),Q0.0 亮灯。

B. 按下 I0.0 的按钮(I0.0 接通),Q0.0 不亮灯。

C. 按下 I0.5 的按钮(I0.5 接通),Q0.0 亮灯。

D. 按下 I0.5 的按钮(I0.5 接通),Q0.0 不亮灯。

3. 下列语句中实现自锁功能的是(   )。

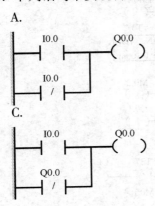

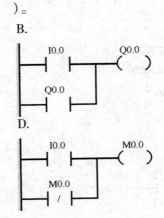

4. 下列哪些语句实现了如下功能:

当接通 I0.0 时,Q0.0 延时 5 秒接通,并自锁;当接通 I0.1 时,Q0.0 立即停止亮灯。

(   )

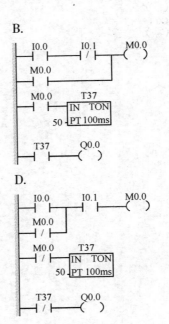

5. 在液体混合装置实训中,接线方式如下表所列:

输入信号			输出信号		
功能	接至	PLC 输入点	功能	接至	PLC 输出点
起动按钮 SB1	→	I0.0	液体 A 阀门电磁阀 YV1	→	Q0.1
			混合液体阀门电磁阀 YV3	→	Q0.2

在下列选项中,哪些选项实现了如下功能:按下启动按钮 SB1,混合液体阀门打开,经过 5s 后,混合液体阀门关闭,同时液体 A 阀门打开。( )

A.

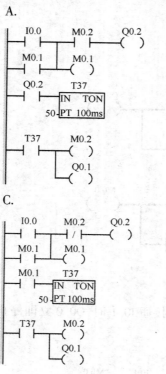

B.

C.

D.

数控机床电气故障诊断实训

一、填空题

1. 数控是_____的简称。_____称为数控机床。
2. 数控机床一般由_____、_____、_____、_____、_____和_____组成。
3. 数控机床数控系统由_____、_____、_____、_____、_____和_____组成。
4. 数控机床进给伺服系统主要由_____与_____两大部分组成。
5. 主轴电动机通常有_____与_____两种。
6. 机床进给机械传动机构通常由_____、_____和_____等组成。
7. 伺服驱动控制系统,按照有无检测反馈元件,可分为_____、_____两种控制方式,而检测元件位置不同,闭环伺服系统又分为_____、_____。
8. 数控机床常见的电气故障主要有_____、_____、_____等。

二、单项选择题

1. 数控机床的核心部件是( )。
A. 数控装置
B. 伺服驱动系统
C. I/O 装置
D. PLC

2. 直接测量机床工作台位移量并反馈给数控装置的伺服系统是( )。
A. 开环伺服系统
B. 全闭环伺服系统
C. 半闭环伺服系统

3. 数控系统不包括( )。
A. CNC 装置
B. 机床主体
C. I/O 接口
D. 伺服和检测反馈装置

4. 数控系统的主轴功能不包括( )。
A. 主轴转速功能
B. 同步运行功能
C. 恒线速度切削功能

D. 插补功能

5. 数控机床调试工作不包括（　　）。

A. 数控系统外观检查

B. 机床总电源接通检查

C. CNC 电器箱通电检查

D. 数控机床外电源安装

6. 下列元件中既能用作速度检测反馈又能用作位置检测反馈的元件有（　　）。

A. 光栅

B. 磁栅

C. 旋转变压器

D. 光电编码器

7. （　　）不属于数控机床电气故障常用的诊断方法。

A. 敲击法

B. CNC 系统自诊断功能

C. 报警指示灯显示故障

D. 润滑油磨粒检测

8. 交流异步电动机的转速 n 与电源频率 f 的关系为（　　）。

A. $f = 60n/p$

B. $n = 60f/p$

C. $n = 50f/p$

D. $n = 30f/p$

三、判断题

1. 机床调试与维修的原理分析法是通过观察故障发生时的各种光、声、味等异常现象确定故障点。（　　）

2. 数控加工程序信息有两类，其中连续控制量送往机床逻辑控制装置。（　　）

3. 变频器把电压、频率固定的交流电变换成电压、频率可调的交流电。（　　）

4. 交流异步电动机的转速与电源频率 f 成反比关系。（　　）